藏在故事里的
数学思维训练

数学小侦探
3—6年级适用

卢声怡◎著

U0193611

海峡出版发行集团
THE STRAITS PUBLISHING & DISTRIBUTING GROUP

福建人民出版社
FUJIAN PEOPLE'S PUBLISHING HOUSE

图书在版编目（CIP）数据

数学小侦探/卢声怡著 . --福州：福建人民出版
社，2020.12（2021.1 重印）
（藏在故事里的数学思维训练）
ISBN 978-7-211-08580-4

Ⅰ.①数… Ⅱ.①卢… Ⅲ.①数学－少儿读物
Ⅳ.①O1-49

中国版本图书馆 CIP 数据核字（2020）第 236825 号

数学小侦探
SHUXUE XIAOZHENTAN

作　　者：卢声怡
责任编辑：季奎奎
出版发行：福建人民出版社　　　　电　　话：0591-87533169（发行部）
网　　址：http://www.fjpph.com　电子邮箱：fjpph7211@163.com
地　　址：福州市东水路 76 号　　邮政编码：350001
经　　销：福建新华发行（集团）有限责任公司
印　　刷：福州报业鸿升印刷有限责任公司
地　　址：福州市仓山区建新北路 151 号
开　　本：889mm×1194mm　　1/32
印　　张：6.125
字　　数：93 千字
版　　次：2020 年 12 月第 1 版
印　　次：2021 年 1 月第 2 次印刷
书　　号：ISBN 978-7-211-08580-4
定　　价：25.00 元

目录

中篇　针锋相对

小朋友们，本书的主人公，是一个与你一样的少年——布小快。他与你一样，在家长的管束之下，有着成长的烦恼。虽然爸爸担任热闹镇的总捕快，爸爸很厉害，爸爸很成功，但布小快相信自己一定能更厉害，更成功。

　　本书的另一位主人公——苏小盗，是一个小和尚。从寺庙里学了浑身武艺，刚出江湖的他，阴差阳错地选择了热闹镇，打算从这儿"偷向世界"……

　　不过，这次他可算是遇到克星了。到底是怎么回事呢？现在，就让我们从头看起吧。

上篇

隔空交手

01

没有却不空

　　小男孩布小快最自豪的是有个当捕快的爸爸，可他最讨厌的也是这个当捕快的爸爸。

　　布小快帮爸爸"精心"总结了"三大缺点"：第一，经常指挥他干这干那；第二，经常指挥他不能干这不能干那；第三，也是最可恶的，布小快要是做了什么自己都觉得了不起的事，不但不表扬他，反而说——那是当然啦，你爸爸是总捕快布飞快嘛。

　　那么布小快做了哪些了不起的事情呢？一句话概括，那就是当个小侦探。

　　虽然布小快的鼻梁上架着一副眼镜，但这可不代表他是一个只知道埋头读书的孩子。用时髦的话说，他这叫——向

偶像致敬。

他曾经从爸爸逮住的一个不远万里专程到热闹镇来偷东西的小偷那里，得到了一本厚厚的名叫《四大名捕》的"宝书"。布小快埋头在卧室里整整看了一个月，出来却不肯告诉爸爸书里讲了什么，只说里面有个戴眼镜的名叫李科南的少年捕快非常厉害。他破了许多大案，口头禅是"真相我想想！"着迷的布小快从此就架上了这副眼镜，手里还多了一把随书附赠的放大镜。

布小快信心满满，决心要做个超级小侦探，好让乡亲们知道他可不是靠爸爸的那啥"二代"。

"捕快大……小人，请替我们评评理！"突然衙门外闯进来两个人，布小快认出来了，这不是街东头丰收包子铺的程老板和他家的伙计小明吗？

"什么小人，你才小人呢！"布小快板起脸来，严肃地说，"捕快大人正在午休，不过没关系，找我就行。要知道本小快在学校里那也是响当当的人物，上过红榜当过组长……"

"太好了，请看这儿！"小明把一张黄纸摆在布小快面前。布小快顺着他手指的地方一看，纸上写着"包吃包住；

每月付给工钱1 文整，年底或离职时一次付清"。

　　"好你个程老板，难怪人们都说无商不奸，你每月只给伙计1文钱工资，这也太少了！亏我爸爸上个月还发'模范商家'的牌匾给你。"布小快瞪起了眼。

　　"小……大人果真英明呀！"小明委屈地说，"我干了整整一年才给我12文钱，还不够买一张回家的车票呢，这合同太不公平了。"

　　"这么不公平的条件也答应，你当时想什么呢？"布小快批评小明。

　　"我记得订合同的时候我们都觉得很公平呀……"程老板满脸疑惑。

"是呀是呀，记得当时定的工钱还不少呀……"小明嘀咕着，也是满脸疑惑。

布小快决定到包子铺看看。

刚进门，就听见大嗓门的老板娘在喊："当家的，你可回来了，这人吃了我们四笼包子，居然才给4文钱。"

"没错啊。"那顾客一脸无辜，指指墙上，"不是1笼包子1文钱吗？"

"明明是10文……"程老板一看价目表，愣住了，"怎么写着1？"

墙上"模范商家"牌匾的边上，赫然写着"1笼包子……1 文"

"不可能这么便宜。"布小快掏出放大镜，认真检查起价目表来。

程老板在旁边嘀咕："我总觉得这1后面少了些什么。"

布小快一挥放大镜，说："有了，1的后面其实不是空格，应该是'零'！"

"零？零是什么？"没想到在场的大人都异口同声地问，"能吃吗？好吃吗？怎么吃？"

"不会吧？"布小快觉得自己快要晕倒了，"你们连零

都不知道？零就表示什么都没有呀。"

"对呀，这1后面就是什么都没有呀。"几个大人又异口同声地说。

"没有就空着？"布小快哭笑不得，"1后面跟一个空格表示10，不是很容易看成1吗？程老板和小明的工资争议，老板娘和顾客的付款争执，都是这个原因造成的。"

"那怎么办？看来你说的这个'零'还真是很重要。"程老板着急地说，"它到底长什么样？"

布小快飞快地掏出笔来，在合同上1的后面添了三个圈，又在价格表上1的后面画了一个圈。

"什么都没有，也要用专门的符号来表示，这个圈就是零！"

"哦！"在场的人都如梦初醒，"记起来啦！是有这么一个符号。""奇怪，刚才怎么一点都想不起来，头脑中的这个记忆好像被偷走了一样。"

"偷走？"布小快举着工钱合同对着亮光一照，叫了起来，"果然有小偷！"

合同的右下角，赫然是一行水印文字——苏小盗来了！

数学小侦探

大脑转一转：

用专门的符号表示"没有"，和用空位表示"没有"，哪一种更好呢？

答案：发明专门的数字符号来表示"没有"，是人类在数学上的一个重要飞跃。比如，很明显，502更容易看出十位上是零，而5 2却很可能被看成52。

02

一对半圆环

光头小男孩苏小盗从榕树上扯下几根树枝来，做成一个冠环，戴在自己的头上，无声地笑了。

榕树的特点是树叶茂盛，枝干又粗又平展，仿佛是个天然树屋。他坐在榕树上晃荡着双腿，底下来来去去的人却恍然不觉。离开师傅出来流浪已经快两年了，虽然在寺院里有师兄们照顾，但是苏小盗觉得现在这样自由自在的生活才更开心。他翻了几下手里的那本破书——《盗帅传奇》，目光停留在那飘逸的"盗"字上。

苏小盗决心要像盗帅一样扬名立万，于是给自己取了"小盗"这个名字。当小盗，技术上不成问题，在零隐寺的藏经阁里，他学会了"空空妙手""隔空取物""偷天

换日""凿壁偷光"等许多本领。伤脑筋的是从什么盗起呢？偷鸡摸狗掏钱包不是侠客所为，要想成名，肯定要偷最特别的。苏小盗想起寺院里那些因为数学没学好而被师傅惩罚的师兄，于是来了灵感：干脆，就偷一偷热闹镇居民们的数学吧。

趁着没人注意，苏小盗溜下树来，消失在人群中。一个小时后，他又重新出现在大榕树上，从怀里掏出一对黝黑的半圆环，无声地笑了。手里的半圆环对在一起，正好是个圆。

船夫顺顺非常烦恼。热闹镇边上是条追遇河，他的工作是撑着深山里放下来的木排送到下游的红火城。每次从热闹镇经过，他都要从丰收包子铺买许多包子。可是前两次因为

忘了带钱，分别欠下程老板25文和75文。

对于肯给外地人赊账的程老板，顺顺心存感激，所以这次带上了从储钱罐里掏出来的641文，特地来还钱。他在家里就已经算好了，两次欠的钱加起来一共是100文，付掉这些钱，那剩下的应该是541文。

可是，当他和程老板一起写下"25＋75"再在前面写上"641－"以后，却傻了眼，结果是691。那不是变成程老板还要再给他50文了？

买包子还赚钱，卖包子还要贴钱，哪有这道理？

顺顺和程老板都觉得不对劲，总觉得少了什么，一起琢磨了半天，也说不出所以然来。

程老板看顺顺愁眉苦脸，就安慰他："没关系啦，两个人一起算，肯定不会错，我还是再给你50文好了。"

顺顺是个倔脾气，他把钱往柜台上一拍，说："肯定有错，我不管了，这些钱你还是全收了吧。"

顺顺转身就想出门，一扭头，却发现一只巨大的眼睛正在对着他眨呀眨呀，吓得大叫一声，跌了个仰面朝天。

玻璃镜片后面探出一个少年，原来是布小快。布小快把放大镜收好，顺手一牵手里的小黑狗，不慌不忙地问是怎么

回事。

"这儿是缺了一对东西……"布小快用双手各作了一个弧形比画着。

这情况感觉好熟悉啊，肯定有问题。布小快掏出放大镜仔细查看纸片，又举起来对着阳光照，果然，几个歪歪扭扭的字出现在眼前：苏小盗来了。

又是他！布小快叫道："肯定还没走远。"他把手里的纸片给小黑闻了闻，小黑飞快地窜了出去，布小快、程老板和顺顺紧紧地跟在后面，朝镇东头的大榕树跑去。

远远地，望见榕树上一个身影一闪，就不见了踪影。小黑低头叼起一个东西，摇着尾巴向他们跑来。

黑圆环？不，小黑放下它后，那东西就分成了两半，原来是"（""）"符号。

程老板和顺顺恍然大悟，这不是括号吗？难怪计算的结果不对，运算顺序错啦。"同级运算从左到右，不同级运算先乘除后加减"，对于"641－25＋75"，要想先算后面的加法，就必须给"25＋75"添上括号。

这括号，在数学运算里起的是临时改变计算顺序的作用。虽然不起眼，可一旦少了，计算的结果就可能不对。

"居然还有人偷这个？"顺顺摸着脑袋说。

布小快眉头紧锁，他觉得自己遇到了一个特别的对手。

大脑转一转：

船夫顺顺打算用641文，归还欠程老板的25文与75文，列式为 641 − 25 + 75，这样计算对吗？算式里缺少了什么呢？

答案：同级运算（加减法称为第一级，乘除法称为第二级）的算式，是从左到右计算的。如果要先计算总共欠程老板多少钱，那么就要把后面的"25＋75"添上括号，计算出和之后，再从641中减去，否则就变成641减去25之后，还要加上75了，相当于不但没还程老板75文，还向他要75文，那当然不对啦。

修复三角糕

可能是因为心里有事，布小快6点多就醒了。在床上翻来覆去半个多小时后，他决定还是起床算了。

捕头爸爸布飞快很高兴。他一直觉得儿子做事情不够快，想来想去，他觉得是不是因为给儿子取了个"小快"的名字呢？如果叫作"巨快""真快""太快""大快""贼快"会不会更好呢？嗯，最后这个名字不行。

不过，布小快的妈妈不在家，热闹镇的捕快衙门中只有父子俩。布飞快可不懂得怎样给儿子做早餐，就随手塞点钱，让布小快自己去街对角的贺氏糕饼店解决。

布小快打着呵欠走进糕饼店，坐下来后，他心里还在琢磨"苏小盗来了"的事，随口说："来几块三角糕。"

这家店的三角糕是最有名气的，不但松软适度，而且每一块都是"纯手工打造"——其实是每一块都切得大小不一啦。

布小快叫了半天，厨房里面却毫无动静。咦？这可不寻常，要知道女老板贺小云是出了名的手脚麻利，不可能这么久不出来。去年有个客人拍着桌子大叫："我是急性子，快上，快快上。"话音刚落，贺小云已经把一盘子糕点倒在他面前，把那客人吓了一跳。贺小云还解释说："我也是个急性子，这盘子我要拿回去洗了。"

刚走进后面的厨房，布小快就看到贺小云正对着满竹匾的三角糕愁眉苦脸，仔细一瞧，这些糕已经不是三角形的了，看起来是被人去掉了一角。"只听说卖不完自己吃，还没见过卖之前就咬一口的。你是为了证明每一块都很香吧？"布小快打趣说。

贺小云却笑不起来："我2点多起来，忙了几个小时蒸好切好的三角糕，才一转身，就都变成这个样子了，墙上还多了一行字……"

顺着贺小云手指的方向看去，布小快脸色一下子凝重起来。墙上写着"苏小盗来了"，水迹淋漓，明显是拿抹布蘸着汤水写的。

"这可恶的贼，专门从数学上搞破坏。他是故意去掉一个角，把剩下的留给你啊。"布小快替贺小云分析。

"我倒是可以用米浆把它们补起来重新上笼蒸，可是少的那个角是多少度我不知道呀。"贺小云眉头紧锁，"都怪我平时切糕太随意了，它们都不一般大。"

布小快仔细观察着那些米糕，突然哈哈大笑起来，笑得贺小云莫名其妙。

"幸好你的糕是三角形的，要是四边形或是更多边的形

状，那少了一个角可就难恢复了。"布小快用筷子夹出一块糕来，放在案板上，"四边形切掉一个角，剩下的图形可是有许多种可能的。"

"为什么呢？"

"扯远了，我们还是先说三角形吧。三角形的三个内角和肯定是180°。现在剩两个角，只要用180减这两个角的度数和，就知道少的那个角是多少度了。"说着，布小快拿手里的两根筷子，分别沿着破损的两边一比画，正好筷尖交于一点，原来的形状就呈现出来了。他笑着补充："当然，也有更简易直观的办法。"

"太好了，让我来补好这些糕。"贺小云拍着手叫起来。性急的她马上张罗起来。

布小快笑着退出厨房，回到店堂里。他开心地想："这次苏小盗没想到吧，不用去他那儿找被偷走的角，按数学规律，就能把那个角的度数求出来。"

他的视线落在一张餐桌上，笑容顿时凝固了。那张桌上，摆着一个盘子，上面有几块切过的米糕，但都被切掉了一个角，剩下的部分，有变成三角形的，有变成五边形的，还有一个仍然是四边形。

看来，刚才坐在这儿的就是苏小盗，他很可能听到了布小快的那些话。

布小快迅速地跑到门外张望，只见远处一个身影一闪，不见了踪影。身后的店里却传来一阵哇哇的哭声！

大脑转一转：

一个三角形，被去掉了一个角，你能推理出被去掉的这个角的度数吗？

答案：在平面上，三角形的三个内角和，一定是180°。一个三角形虽然被去掉了一个角，但是剩下的两个角仍是可以测量出度数的，所以我们用180减剩下的两个角的度数，就得到被去掉的那个角的度数了。

04

珠少不要紧

　　布小快回到糕饼店里一看，女老板贺小云正哄着还没上学的儿子江江呢，先是帮他擦擦眼泪和鼻涕，然后又和他一起整理桌面上散乱的珠子与竹签。

　　"贺老板，你是不是白天卖糕点，晚上卖烧烤呀？"布小快拿起一根竹签，好奇地说，"我可要提醒你，烧烤、大排档属于有污染、会扰民的项目，要向官府申请专门的执照呢。"

　　"来，江江，你告诉小快哥哥，这些竹签是干什么的呀。"贺小云不回应布小快的问题，却让儿子来回答。

　　这真是个好办法，江江一开始回答问题，就把之前最重要的事情——哭给忘了。

　　"竹签是妈妈给我的，串上珠子，然后就可以数数了。"江江一边说一边拿起珠子往竹签上串，"1、2、3、4、5……妈妈说一根上面最多只能串9个，满10个的时候就要全部拿掉，在左边那根竹签上串1个珠子就可以了。"

　　"哈哈，这还真是个好办法。"布小快为贺小云点赞，"每天做糕饼这么忙，还要抽出时间教江江，真是我们镇上的模范妈妈。"

　　布小快找来一块软木，把两根竹签插在上面，还在右边那根竹签底下写了"个位"二字，左边那根竹签底下写的是"十位"。

　　贺小云见江江忘了哭，捂着嘴不敢乐："这竹签还真是我和他爸吃烧烤带回来的。上面串的肉被我和他爸吃掉了，江江生气啦，于是我们就用店里的面团，烤了10个珠子，串在上面，正好让他学计数。就是有点像烧饼，哈哈。"

　　布小快拍手说："妙，这样江江至少可以一个不落地从0数到28了。"

　　贺小云惊奇地看了布小快一眼："你果然和他爸一样厉害，他也说要表示29，就要11颗珠子了。"

　　江江年龄还小，一时听不懂这句话里的玄机，但最后

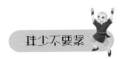
听到"11颗珠子",顿时想起了伤心事,又哇哇大哭起来:"刚才一个光头哥哥抢走了4个珠子,还说'嘎嘣嘎嘣,真好吃'!"

贺小云这会儿才明白过来儿子哭的原因,气得一拍桌子:"这小贼太可恶了,专门跟我们过不去,想吃点啥,我送他都可以,何必抢我家江江的呢,这下只能少数几个数了。"

"那倒也不尽然,"布小快笑着说,"想想算盘,那你就明白,珠子少了,照样可以数到28。"

布小快让贺小云去厨房取来点在糕饼上的红色染料,认真地在竹签中上部各画出一条横圈儿,然后说:"重要的是要补一条规定:这条线上面的珠子一颗表示5,下面的一颗还是表示1。

"那么，"布小快拿起3颗珠子，串在个位竹签的下部，"这和以前一样是3。"

然后他又拿起1颗珠子，小心地串在个位竹签的上部。贺小云做的珠子中间的孔洞小，稍微转一下，就可以卡住。布小快解释说："下面是3，上面表示5，合起来就是8了。"

自然，还剩下的2颗串在十位竹签的下部，合起来那就是28了。

贺小云把十位竹签上的1颗珠子往上拨了拨，卡在上部："以一当五，这样就是68了，江江还数不了这么大的数呢，不过从0到28，他又能一个数一个数地数了。"

回味着美味的三角糕和糕饼店一家的感谢，布小快往家里走，想到小盗贼在自己眼皮底下连续犯案，脸色凝重起来。

大脑转一转：

在只有两位的计数器上，用 10 颗珠子，要表示从 0 到 28 之间所有的数，够不够？请你从 0 开始，到 28 为

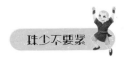

止，逐一试一试，如果没有合适的计数器，也可以在纸上画一画。

答案：表示0－9，用9颗珠子就够了。表示10，只要1颗珠子（放在十位上）。从11到19，依次要用2－10颗珠子。从20到28，依次要用2－10颗珠子。但从29开始就要用11颗珠子了。所以用10颗珠子表示从0到28之间的数是足够的。

四块够不够

虽然没有逮住苏小盗，但布小快相当有信心。他认为，那天在贺氏糕饼店，如果爸爸的侦察狗小黑在，肯定能追上苏小盗。饶是如此，成功地通过"三角形内角和是180°"的规律，协助贺小云还原三角糕，已经足够让他把自己算成是胜利的一方了。

这样想并不算一厢情愿，大榕树上，苏小盗的心情和肚子一样沉重。

心情沉重是因为他感受到了这个小侦探的实力，肚子沉重则是因为三角糕们缺的角全在他的肚子里——实在是太多了点。

苏小盗决心要跟布小快比上一比，扳回一局。不但要让

布小快尝到失败的滋味，更要让这个滋味回味无穷，总之要让布小快忘不了自己。

经过整整一天的思考，当然，也顺便让胃消化消化，苏小盗有了个新计划——到捕快衙门去偷东西！什么？你觉得这是吃饱了撑的？还真被你说对了，嗝……

苏小盗先后装扮成街角卖唱的残疾人，拉游客合影的孙悟空和卖茉莉花手环的小姑娘，在捕快衙门对面观察了三天，收获巨大。除了随便赚了点钱，还发现了一个值得下手的目标：衙门前的空地上正在建设的升旗台。

升旗台的地面已经平整好了，长长的旗杆也已经躺在地上，还用8块正方体石料垒成了讲台，正等着苏小盗下手呢。

旗杆是笔直的，藏在榕树里，容易被人发现；升旗用的长绳丢了，恐怕总捕快布飞快会飞快地再买一根回来；还是对那些石料来个"隔空取物"吧。就这么愉快地决定了。

没人注意到，仿佛变戏法，呼呼呼呼四下，石料少了四块，只有小黑狗疑惑地四处张望——果然是没"人"注意到啊。

三天后将是热闹镇建镇六百四十一年的纪念日。小镇上

已经张灯结彩，满是庆祝的气氛，不少店家都按官府要求，推出了打折优惠。不但小镇居民上街购物，连附近几个乡镇的居民也纷纷前来凑热闹，街头巷尾拥挤了许多。

因为镇长职位空缺多年，原本只负责维持治安、缉捕盗贼的捕快布飞快现在受委派全权管理小镇。所以，他要提前三天宣布纪念日当天的各种活动安排。

才早上7时，布飞快就来到衙门前，致辞是在升旗仪式之后进行，此时空地上已经聚集了热闹镇各家各户的代表了。旗升好了，布飞快跨上一步，站到讲台上。他手拿活动安排表，暗暗想："大伙儿肯定喜欢这些活动。"突然，他觉得自己今天有点儿矮……

他不安地望了望正翘首等着听他说话的街坊们，被那些热切期盼的目光感染了，觉得这种不安大概是一种幻觉，于是咳了一声，准备念稿子。

布小快突然从旁边走过来，在他耳边轻声说："爸爸，你脚下的石头少了四块。"

布飞快往脚下瞥了一眼，1、2、3、4，四块正方体石料正好拼成一个正方形，那不是正好搭成个大正方体吗？

他瞪了布小快一眼，小声说："没错，四块就够啦。"

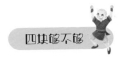
"不够不够，错啦错啦。"

"没错，你快走开。"

布小快着急地说："从上面看是正方形，但是前后左右看，都只有两块石料，拼成的都是长方形，这样一来整个讲台就不是大正方体了。"

呃，布飞快这下子明白过来了，难怪自己觉得矮，原来讲台少了一截。正在他努力压抑怒气的当儿，有东西碰了一下他的脚，低头一看，原来是布小快不动声色地把一个高度与石料相同的小桩子塞到他脚下。

没人知道，仪式上站得笔直的布飞快其实是因为脚下踩着木桩子。

大脑转一转：

　　为什么布飞快会觉得他的脚下用四块正方体石头拼成的讲台，是一个大正方体呢？

答案：要用小正方体拼成稍大的正方体，至少要8块。布飞快脚下的正方体被人取走了上层的4块，就已经变成长方体了。只是从上往下看，下面（也包括相对的底面）正好是个正方形，所以会产生错觉，觉得它是正方体。

作业只一题

　　布小快匆匆忙忙地往学校走，刚才爸爸布飞快上台开讲前，交给他一件事——帮邻居朵儿妹妹到学校去记一下老师今天布置的作业。

　　虽然记作业是每个学生自己的事，但是朵儿妹妹发烧了没上学，她家里唯一的大人——妈妈要在家里照顾她，也没办法去学校。急居民之所急、忙居民之所忙的布飞快义不容辞地接受了这个求援，不过他今天要上台演说，实在太忙了，所以这个任务最终落在了布小快身上。

　　布小快脚步本来就快，这时候还一路小跑起来。大家一定不明白，只是抄一下作业，为什么还要跑呢？因为呀，班上的值日生太勤快，有时老师还没走，黑板上写的"今日作

业"就给擦掉了。

但是，布小快跑着跑着就停了下来。他四下张望，总感觉有个人在不远处跟着他。他跑，那人就跟着跑；他停，那人也跟着停。

布小快摆出戒备的姿势，从包里拿出放大镜来，虽然没听说过用放大镜做兵器的，比如这样：来将通名，看我的放大镜，把你放大15倍……布小快光是想想就觉得可乐。不过放大镜的外壳和手柄是黄铜做的，内嵌的玻璃又特别巨大，要真有坏人，砸也能把他砸得七荤八素。

大概被他的新奇兵器吓唬住了吧，那脚步声拐了个弯往旁边的小巷子去了。布小快得意地一乐，小心翼翼地把放大镜收好，然后才又往学校跑去。

学校里，朵儿班上的同学都回家了，教室门紧锁。布小快从窗户望进去，黑板上的作业还在，他细心地抄在纸上，折起来，揣在兜里。

还没到家门口，布小快就看到朵儿妈妈在等着他了。他连忙赶上几步："哎呀，阿姨，您怎么还过来拿？您只管在家里照顾朵儿妹妹就好，我会送过去的。"

朵儿妈妈无奈地说："这小丫头病刚好一些，就急着做

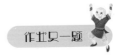

作业，催我过来拿。怎么样？作业多吗？有几题？"

"一题……"布小快话还没说完，记录作业的纸就被朵儿妈妈接了过去。但她也没时间细看，匆匆谢了布小快，就三步并做两步地回家去了。

布小快愉快地到家了，爸爸还没回来，他还要负责做午饭呢。

中午，布飞快比较迟才到家，看来是被镇上的居民围着问庆祝日活动安排的事耽搁了。听布小快汇报说帮朵儿妹妹抄好作业了，布飞快满意地点点头，只是嘀咕了一句："现在的小学生作业怎么这么少？只有一题！"

到了晚上，正在吃晚饭的布飞快和布小快听到隔壁传来哭声，吓了一跳。父子俩丢下筷子就往朵儿家跑，敲门进去一看，朵儿正坐在桌子旁边哭呢，一边哭还一边抱怨："都怪

妈妈，说只有一题，我才想着晚上再做。你看，明明有10道题呢。"

朵儿妈妈委屈地说："小快哥哥告诉我只有一题呀，哪知道题下还有小题。"

朵儿抽泣着说："我们老师以前从来不会这样布置作业，这不是故意坑我们吗？在题目1、2、3……的最前面写个'一'，这样就从10道题变成一道题了吗？"

布飞快和布小快面面相觑，布小快一咬牙一跺脚："肯定是那个可恶的苏小盗搞的鬼！这次被他胜了一局。"

大脑转一转：

一道大题下面有好几道小题，这种情况同学们都遇到过吧。现在这10道题该怎么用数字来表示呢？大家不妨延伸开去想一想，1究竟是大还是小呢？

答案：在数学上，称为"1"的并不一定都是一个物体，也可以是一些物体、一批物体。例如在故事中，10道题前加了个"一"，被总括为一道大题，那么这10道题合称为"1"，每道题就只能用小数表示为0.1，或是用分数表示为 $\frac{1}{10}$ 了。从这里我们可以看出，计数要先约定什么是"单位1"。

一根针时钟

热闹镇建镇六百四十一周年的纪念晚宴将在今晚7：12准时开始。这个时间有点特别，是有纪念意义的。

苏小盗戴了个帽子，把衣领竖得高高的，若无其事地在人群中转来转去，仿佛是一个来凑热闹的普通少年。

布小快也热情地在人群里穿梭，帮爸爸和今晚来的宾客打招呼。妈妈不在，每逢举行宴会的时候，就觉得少了个女主人。不过布小快渐渐长大，能帮爸爸的忙了，这让布飞快轻松不少。

似乎是有心灵感应，布小快总觉得现场的宾客中，有那位最近总在数学上使绊子的"小盗"。可是，他注意了好几个可疑人物，最后又都一一否定了。

"总不会是那位老爷爷吧？"布小快盯着一位在自助取餐台前来回了好几趟的老爷爷，"虽然说是'小盗'，但老人家也有可能叫'小盗'呀，就像数学书上的名人——'小明'，到老了肯定还是叫'小明'。"

不过，最终布小快确认，那只是一位想多吃点东西的老人家而已。

"算了，人太多，怀疑不过来，还不如想想如果小盗在这里，他会偷什么？"布小快想到这里，眼睛关注起大厅里的物品来。

还没有等他逐一检视完，正在背餐前讲话稿的布飞快突然紧张地走过来，扯扯他的袖子，在他耳边说："儿子，你发现了没有？墙上的时钟不对劲……"

怕引起现场宾客的注意，布飞快一边说着，一边还东张西望，刻意不把眼神落在墙面上。

布小快也漫不经心地扫视一周，视线掠过东墙时，忍不住要叫出声来："居然有这样的小偷！"

原来墙面上的时钟少了些东西……

"时钟上的分针和秒针都被偷走了，这可怎么看时间？这7时12分到了没有呢？"布飞快压着嗓子着急地说。

不知怎么搞的，布小快看着那个剩下一根几乎看不出位置改变的时针的时钟，突然觉得很好玩。

"哈哈，只听说过有一根筋的人，没有听说过只有一根针的时钟，今天可真是开了眼界了。"

"你还觉得好笑，真是小孩子不懂事。"要不是人多，布飞快可能就要发作了。

"刚说有人一根筋，我觉得爸爸你就是呀。难道一根针的时钟就不能看时间吗？"

"秒针我可以不管，但看时间总要看几时几分，这分针和时针，那是一个也不能少！"布飞快咬牙切齿地说。

"唉，爸爸，没时间跟你解释了，现在就是7时12分，你赶紧主持开吃吧。"

布飞快半信半疑地上台去了。

当布飞快说到："为了热闹镇更加美好的将来，干杯！"大厅里爆发出一阵欢呼声。在没人注意的角落，一个把帽子压得低低的少年吃惊地张大了嘴巴，原本叼在嘴里的一根亮闪闪的"牙签"无声地落在地上。

"这小孩还真厉害，只剩下一根针了，他是怎么看准时间的？"苏小盗自言自语。刚才，他以"空空妙手"的绝招隔空摘下时钟上的秒针和分针，正要对时针下手，突然觉得手里的秒针很像牙签，就拿它像模像样地剔起牙来——不是肉塞进了牙缝，只是因为喜欢这种像江湖大哥的感觉。

可是，挖了坑却被人轻轻跳过的感觉，就太不好了。

宴终人散，布飞快虚心地向儿子请教，你是怎么知道那个时刻就是7：12的呢？

布小快用筷子在摘下来的时钟面上沿着时针比画了一下，布飞快恍然大悟。

原来，那个时候的时针并不是指着7，而是指着7之后的第1个小格。既然5个小格代表1小时，1小格就是1小时的五

分之一，那不就是7时12分吗?

原来，只有时针的时钟，也能看准时间!

大脑转一转:

看第36页上的钟表图,你能发现钟面上少了什么吗?
你觉得少掉了这些东西，我们还能够看出时间吗?

答案：很明显，钟面上少了分针与秒针。我们平时看钟面读时
间的时候，秒数往往不太需要，那么这个钟面最关键的
就是缺少了分针。但是，因为时针每分每秒都在细微转
动着，所以我们从时针转动的格数和角度，也是可以推
算出时间的。

08

边长不正好

　　热闹镇的捕快布飞快很开心，他看了几十年的钟，还从没想过只看时针也能看出钟面上的时刻。不过，看时针来判断时刻太不方便了，也不容易看清，看来这时钟还是要修的。

　　为了避免时钟再被苏小盗偷走，布飞快在大厅里转了又转，终于发现高处有个不知哪个年代遗留下来的正方形木龛。布飞快找来梯子，想扛着钟上去试试大小是否合适。

　　布飞快刚要迈步，布小快就一把抢过时钟。布飞快还没等布小快开口，就高兴地拍拍他的脑袋说："不错不错，好儿子懂得体贴大人了，不过上面太危险，还是我……"

　　布飞快话没说完，布小快就递给他一根软尺，笑嘻嘻地

说："爸爸，我是觉得用不着把这么笨重的圆钟拿上去试，带一根软尺上去量一量不就行了吗？"

"呃，好吧。"布飞快的心情有点复杂。

他小心翼翼地攀着高高的竹梯向上爬，爬了一会儿，布飞快忍不住想："这小子的主意还真是不错，用尺子来测量，果然比带着时钟上来比画方便多了。我待会儿只要量出正方形的边长，就连正方形的周长和面积都能知道了。"

布飞快到了上面，留心把身体紧紧贴着梯子，就开始量起正方形木龛的边长来，一量却觉得很不方便。原来，正方形木龛的边长不是一个整数，而他手中的软尺只精确到厘米，无论怎么比画，总觉得很不正好。

离布飞快十米开外，在横梁的阴

影里，一个光头少年正撅着嘴坐在那里看热闹。这个少年自然就是从零隐寺里跑出来的苏小盗，他小心控制着身体不要移动，以免蹭到梁柱，灰尘掉落下去，引起布小快的注意。

　　苏小盗轻轻地按按口袋，里面装着的正是捕快衙门里唯——根精确到毫米的软尺。苏小盗得意地想，看你们用这把不精确的软尺怎么量。

　　布飞快着急地往下望望，有点犹豫要不要下去换根软尺，他不愿意用"大概""差不多"这样的方式来敷衍此事，万一到时候时钟放不进去，虽然也可以板起脸来对布小快说："瞧你出的馊主意，要是听我的，带时钟上去一比，就知道大小合适不适合了。"但这种"小孩都是错，大人总有理"的方式，不是他所乐意用的。

　　布飞快把软尺比画来比画去，突然发现这个正方形木龛的对角线似乎是一个整数！一测量，正好8厘米。

　　"哈，用对角线不是也可以算出正方形的面积吗？"

8厘米

　　布飞快瞧着被自己用软尺"分割"成"两个等腰直角三

角形"的正方形木龛，心想："左上这个三角形的底是8厘米，高呢，自然是4厘米。那三角形面积不就是8×4÷2＝16平方厘米。右下的三角形也是这样。哈哈，两个合起来面积正好就是32平方厘米！"

成功使人兴奋，布飞快从梯子上下到地面，简直就像他的名字——飞快。

他把结果告诉布小快，布小快很快就发现了其中的不寻常："32不是整数的平方，也就是说边长不是整数，那么爸爸您是怎么算出面积是32平方厘米的？"

"哈哈，都说急中生智，你爸爸我在上面，想到了一个不用边长也能算正方形面积的办法。"

"那爸爸你有没有想过，我们不需要知道木龛的面积。要想知道时钟能不能放进木龛里，只要确定正方形木龛的边长等于或略大于时钟的直径就可以了"

"呃……"

大脑转一转：

我们都知道，正方形的面积等于边长乘边长，但是，如果知道的不是边长，而是其他条件，例如对角线的长，能求出正方形的面积吗？

答案：虽然正方形已经是一个基本图形，但是我们还是可以对它进行分割，例如连接一条或两条对角线，就可以把它分割成2个或4个等腰直角三角形。这时你会发现，如果我们利用对角线的长度，其实是可以算出这些三角形的面积的。那么合起来，不就算出正方形的面积了吗？

数字走马灯

守着爸爸安放好时钟，布小快小心地扶他从梯子上下来。

布飞快的脚刚落地，就听到外面爆发出一阵欢呼声。他和布小快相视一笑，这肯定是大伙儿围着庆祝活动的明星——走马灯在参加互动呢。

布小快拉着爸爸的手，一起走到屋外，挤到人群中。在场地中间临时搭起的高台上，放着一盏高大的走马灯，虽然这会儿晚风只是缓缓吹送，但是因为走马灯内的灯火产生的热气，带动了外面一圈图像滴溜溜地转得飞快。

今年的走马灯是镇上的学校制作送来的，号称"最数学"的走马灯。灯的侧面分成六片，依次画着六位热闹镇的居民骑着马儿，扛着一面大旗，朝着同一个方向前进。画像

中的六位人物男女老少都有，代表着热闹镇的全体居民。那六面大旗上分别写着大大的数字：1、4、2、8、5、7。

而互动呢，其实在于主持人手里的一枚大骰子。参加游戏的人首先要掷这枚大骰子，然后快速地按停走马灯。如果此时走马灯从你手按住的地方往后的六个数字，正好等于"142857"乘以骰子上的数字，你就赢啦。

因为这个游戏带有很大的不确定性，所以参与的居民都玩得兴高采烈。布小快在爸爸耳边嘀咕了一声："他们真的都注意到'142857'这一串数字的奇妙之处了吗？"

布飞快摸摸他的头，把他搂在怀里，悄悄在他耳边说："你不能要求所有人都知道天下的所有事，让全镇居民开心幸福地生活是我的责任，而把知识传遍天下，就是你们这一代年轻人的责任了。"

这会儿，有一位居民掷出了个2，他搓搓手，走到灯前，瞅个机会，一按，走马灯停了下来，朝前的面上依次亮出了285714。主持人热情地说："厉害了，142857×2，就是285714。算得好，按得准！"

这位"成功人士"高兴地从主持人手里接过了奖品——一个布偶娃娃，举起来挥了又挥，好像是得了世界冠军。

　　不过下一位就没这么幸运了，他掷出来的数字是4，于是瞅了又瞅，瞄了又瞄，这才按了下去，走马灯上展示的数字串是428571。

　　可是主持人却掏出计算工具，噼里啪啦地算给他看："142857×4＝571428，不是4开头的哦。"

　　"失败先生"生气地大声嚷嚷："怎么搞的，乘以1从1开始，乘以2从2开始，到我乘以4怎么不从4开始呢？"

　　旁边有人反应很快："那如果乘以3难道从3开始？这一串数字里也没3呀。"大伙儿哄笑起来，这人也不好意思地挠挠头，嘀咕着："这学校制作出来的走马灯，果然有点门道。"

　　布小快突然不安地回头看了看，他总觉得有一双眼睛在盯着自己，果然，远处有一个光头一闪就不见了。布小快被围在人群之中，心知自己追不上，谁知回过头来就发现现场出状况了。

　　那个骰子被掷出了一个数字"6"，但是众人的角度看

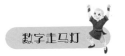

起来是个"9"。"这算是6还是9啊？所以我说嘛，骰子还是应该用点数。"那人说着想去拿骰子，没想到它牢牢不动，仿佛被钉住了一般。

"走马灯上一共只有6个数字，这乘以9哪有办法算。"大家议论纷纷。

布飞快微微一笑，走上前去摸了摸那个骰子，左右摇摇，果然就松动了。只是布飞快并不把它拿起来，而

是对大伙儿说："9有什么不好算的，分成2和7就是了。142857×7，得数可是非常特别的哦，是999999。那么布小快你来说说，乘以9得多少呢？"

布小快边想边走到场中，分析说："既然乘以2是285714，那乘以9就是再加上999999。这个加法很好算，999999加1是1000000，把285714最末尾减1，最前面添一个数字1，就得1285713。"

果然，主持人用计算工具算出来的和他所说的，分毫不差！布飞快父子俩的"神机妙算"赢得一片喝彩声。

大脑转一转：

142857 这个六位数，号称神奇的数字串。它乘以1－6，得数很有规律呢。你知道这个规律吗？如果不知道，何不现在就动手算一算呢？

答案：六位数142857乘以一位数1－6，得出来的结果非常有规律，号称走马灯数。其规律是：乘以1就不用说了；

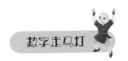

乘以2的时候，是从这串数字中的2开始往后数到尽头再从头开始；乘以3和4的时候，从这串数字中的4和5开始数；而乘以5和6的时候，则从7和8开始数。我们可以分段记忆这个规律，1、2从本身开始，3、4从"加1"开始，5、6从"加2"开始。

分数比大小·

每一次精心设计的破坏活动，最后总是没有取得效果，苏小盗很不爽。当然，如果你要问很爽的效果是什么，那就是热闹镇上的人都不爽啦。

苏小盗总结了一下，最大的对手就是布飞快和布小快父子俩！只要这父子俩不在，破坏就能成功。苏小盗翻翻手里的《盗帅传奇》，视线正好落在"缓兵之计"四个字上。"哈哈，有道理，只要拖住了他们，我就能为所欲为啦。有什么东西能消磨他们的时间呢？"

转眼之间，苏小盗的头脑中闪过了许多念头。

"给布小快看漫画书？不行，我自己还没看够呢。

"给布小快吃好吃的？不行，那我可舍不得。

"还是给他出一道难题吧，让他迈不开步。嗯，先进行一次测试行动。"

这天一早，布小快刚起床，正睡眼惺忪地刷牙，突然听到"呼"的一声，感觉有凉飕飕的东西从自己脸颊边飞过去，"啪"地打在后面的木门上。布小快吓了一跳，差点把牙刷捅到鼻孔里面去。

定睛一看，布小快一下子清醒过来，刚才擦着他的脸飞过去的，竟然是一把飞刀，上面还带着一张纸条——苏小盗来了！下方还有一行小字：想知道我在哪儿吗？请出门。

布小快一下子觉得这无聊的一天有意思起来，他跑到厨房，抓了块馒头就往大门外走。可是，布小快一出门就停下了脚步，捕快衙门外是一条大道，到底是往左走还是往右走呢？

这时候，又是一阵风向他袭来。布小快早有准备，猛地向后跳开，可手里的馒头还是落在了地上，又是一把飞刀，正扎在上面！

"啧啧啧，真是可惜。"布小快心疼地看着馒头，一把拔起飞刀。飞刀上同样带着一张纸条，上面写着："哪边大就往哪边走……"

这什么意思？只见刀身穿过那张纸，左右各有一个分数算式，一边是 $\frac{1}{3} + \frac{1}{4}$，另一边是 $\frac{1}{5} + \frac{1}{6} + \frac{1}{7}$。

到底哪边大呢？

远远的一座民房屋顶上，站着一个小小的身影，那正是苏小盗。他得意地掏出怀表，看了看时间，心想：这是异分母分数的加法，你肯定要先通分再计算，3和4的最小公倍数是12，5、6、7的最小公倍数是210，哈哈，我猜你肯定要算上十几分钟……

果然，捕快衙门门口，布小快蹲了下来，从旁边捡来一根树枝，在沙地上写了起来，看来是在认真演算呢。

哈哈，这十几分钟我是坐一会儿还是躺一会儿呢？苏小盗正在琢磨，突然不相信地睁大了眼睛——布小快已经站起身来，毫不犹豫地朝左手边奔去。

居然算对了！他是怎么算的，这么快就能比较出这两个算式的大小？

苏小盗确认布小快已经跑远后，才大着胆子在民房的屋顶上跳跃前进。他身手敏捷，仿佛黑猫一般，不一会儿就落到捕快衙门门口的沙地上。

苏小盗定睛一看，地上写着：

$\approx 0.333 + 0.25 = 0.583$

$\approx 0.2 + 0.167 + 0.143 = 0.51$

"厉害呀，原来是化成了小数来算，除不尽的就约一下。不对，他算得这么快，肯定不是现场做除法，是对常见的分数化成小数非常熟悉，看来是背过啊……"

苏小盗正想到这儿，突然听到身后的门响，难道是布飞快出来了？

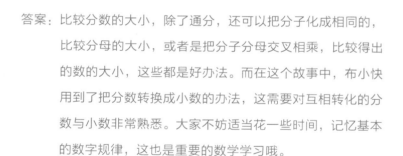

大脑转一转：

比较分数的大小，一般是把它们化成同分母的分数，也就是通分，但是对于本题来说，还有更快捷的比较办法吗？

答案：比较分数的大小，除了通分，还可以把分子化成相同的，比较分母的大小，或者是把分子分母交叉相乘，比较得出的数的大小，这些都是好办法。而在这个故事中，布小快用到了把分数转换成小数的办法，这需要对互相转化的分数与小数非常熟悉。大家不妨适当花一些时间，记忆基本的数字规律，这也是重要的数学学习哦。

11

旧本藏秘密

突然听到身后捕快衙门的大门嘎吱一声响，苏小盗将身一拧，疾如轻烟，已经藏在了大樟树之后。

匆匆出来的果然是布飞快，只见他腰间挂着佩刀，手里还握着一本《洗冤集录》，一到门口就翻身上马，朝热闹镇西边拍马而去。

"哈哈，有人作案了，还真是帮忙，这下我可以乘虚而入了。"苏小盗早就侦察过，捕快衙门虽然是热闹镇最重要的治安机关，但人手很少。除了布小快跟他爸爸，就再也没有其他人了。小镇安定祥和，只是最近因为苏小盗的到来，小镇的"发案率"一下子高了很多。

"这父子俩肯定很想抓住我吧？没想到我已经送上门

来了。"苏小盗自言自语地说。他一个旱地拔葱，飞上了墙头，再来一个侧翻，就到了衙门前院里。

苏小盗鬼鬼祟祟地沿着墙边往里摸，走了几步，哑然失笑："我这是何苦呢，里面根本没有人，我可以直接进去呀。"

他大摇大摆地一推木门，就进了后院，只见院里落叶翻滚，一副少人打理的样子。

苏小盗叹了口气："唉，这只有男生的世界就是乱七八糟。"转念一想，自己以前生活的零隐寺，不也是个男生世界吗？那里的人都很爱干净，一有空就打扫。

"还真想他们。"苏小盗摸摸自己的光头，咧着嘴笑了。

　　在苏小盗的想象中，布飞快的书房里应当是一面墙上挂满了各种刀剑，另一面墙上贴着"热闹镇近期犯罪情况统计图"，然后在某个神秘的地方一按，就能让整个书架翻过来，露出后面的宝箱，里面藏着最值钱的东西……

　　结果刀剑一把没看见，墙上倒是贴着不少布小快的涂鸦作品，书架是钉死在墙上的，看来没什么宝箱可找。苏小盗使劲掰了半天，书架纹丝不动，自己倒摔了个屁股蹲儿。

　　但苏小盗很快发现，这一跤摔得绝对值。

　　他倒在地上，正好望见布飞快的书桌下方藏着一个茶灰色的小抽屉。这个抽屉完全贴合在书桌下，如果不是摔倒在地上，他根本不可能看到。苏小盗大喜，使劲一拽，把那抽屉拉了出来。咦，里面是个厚厚的旧本子。

　　可惜，这并不是什么秘密档案或是热闹镇藏宝大全，只是布飞快的一本旧日记而已。

　　"和他妈妈的争吵更经常了……她不想一辈子待在这个小镇，我却早就承诺要维护小镇治安，这可怎么办呢……"

　　"今天是小快的生日，我们全家人加起来有70岁了。都说七十古来稀，希望我们一家三口永远这样在一起。好像她的心情好一些了，还说我们家10年前只有46岁呢，真有

意思。"

"今天下午她真的走了，头也不回……"

这是什么意思？苏小盗觉得奇怪，他歪着头想了想，发现不对：每个人相同时间内增加的年龄是一样的，两人的年龄差永远不会变。这一家三口10年前，那不应当是70－30＝40岁吗？怎么是46，多出6岁来了？难怪说"官贼不两立"，我到哪儿哪儿少东西，这捕快家怎么连年龄都多出来了？

苏小盗在书房里踱起步来，觉得自己就像是一个认真思考准备破案的小捕快，不由得摇头晃脑了。

"有了，"他停住脚步，"这说明有一个人的年龄不可能倒回去10年，那只能是布小快，他那年才4岁。"

布小快才4岁就失去了妈妈，身为孤儿的苏小盗顿时觉得和布小快亲近了许多。

不过，没时间继续看别人的日记了，苏小盗把日记本合上，正想再装进抽屉，却又改了主意，随手把日记本揣进自己怀里。

大脑转一转：

　　布飞快在日记中记录了一家人的年龄。观察人们的年龄变化情况，你能发现什么数学规律呢？能够从身边熟悉的事物变化中发现规律，那才是数学高手哦。

答案：年龄是我们在生活中最熟悉的数学事例之一。时间是最公正的，因为：1.每个人经过相同的年份，增加的年龄是一样的；2.两个人之间年龄差是永远不变的。不管经过多少年，你的年龄都不可能超过你的爸爸妈妈，而变成他们的爸爸妈妈，对吧？

一枚老徽章

苏小盗把布小快引开，并趁着布飞快外出的机会潜入捕快衙门，本来是想搞点破坏，顺便在最显眼的地方，写一句"苏小盗来了"，好向布氏父子示威。可是，当他发现布小快从4岁起就没有了妈妈，和爸爸相依为命的时候，突然对布小快这个同龄人的感觉有点特别了。

那种感觉，就好像一对冤家突然变成了惺惺相惜的好朋友一样。

"算了，别傻了，我可不要剃头挑子———头热。这本日记就算是我今天的收获啦。"苏小盗摇了摇头，他想既然都进来了，不如再到布小快的房间里瞧一瞧。

"今天我就是'捕快衙门一日游'了。"苏小盗自言自

语地说着，又蹑手蹑脚地进了布小快的卧室。

在布小快的卧室里转了一圈，苏小盗觉得布小快毕竟是个"官二代"，比在寺院里长大的自己幸福多了。瞧，那么多的玩具和好看有趣的书。当然啦，也不能这么说，零隐寺的藏经阁里还是有很多书的，有的书看起来……入睡得比较快，哈哈。

苏小盗打了一个哈欠，他觉得还真是有点累了，就在床上躺了下来。"我也来试试当公子的感觉。"他感觉枕头似乎有点儿硬，翻起来一看，下面有个木头盒子。

"哈哈，这父子俩都很会藏东西呢。"苏小盗大喜。这里面又会有什么出人意料的收藏呢？让他有点泄气的是，里面并不是布小快的零花钱或秘密日记，而是——大沓分数不那么好看的试卷。

"看来这家伙的成绩也不怎么样呢。"虽然此时捕快衙门里只有他一个人，但苏小盗还是谨慎地捂着嘴巴笑了起来。

苏小盗把试卷拿起来翻了翻，又放在旁边，目光被那盒子吸引了。原

来盒子的底部并不全是空的，而是被木条分成了横三行纵四列的格子。

就在第二行第二格里，放着一枚深蓝色的五角星徽章。

苏小盗拿起徽章来，发现下面压着一张纸条。他拿起那张发黄的纸条，看见上面写着"亲爱的宝贝，你能数数这个'小星星'藏在多少个长方形的格子里面吗？"

	★		

"也就是说这里面能数出多少个含有这个徽章的长方形……这是谁给布小快出的题？看字迹像是他妈妈，可是他妈妈不是在他小时候就走了吗？"苏小盗被这个问题吸引住了，找张椅子坐下来，捧着盒子认真数起来。

数数时最重要的是"分类"与"有序"。苏小盗决定按含有徽章的长方形所包含的格子数来分类地数。默默地反复数了好久，苏小盗终于确认1格的有1个，2格的有4个，3格的有3个，4格的有5个，6格的有6个，8格的有2个，9格的有2个，12格的有1个。

$$1+4+3+5+6+2+2+1=24个。$$

"24个！分类数图形，清楚又准确。"苏小盗自言自语。

"对，对。"有人一边说一边轻轻地鼓着掌，走了进来。苏小盗抬头一看，猛地跳了起来，进来的不是别人，正是——布小快！

玩了许久"猫抓老鼠"游戏的两个少年，一个小侦探，一个小飞贼，正式见面！

两人隔空交手了这么久，现在针尖对上麦芒，会是怎样的激烈与精彩呢？

大脑转一转：

如果你是老师，现在你的学生要数图形的数量，为了不重复、不遗漏，你会给他什么建议呢？

答案：不重复、不遗漏不光是数学上的要求，更是一个懂得生活和工作的人所必须具备的基本品质。怎么做到呢？首先要分类，按照一定的类别来数数；其次要有顺序，当然分类时就要注意顺序，数同类图形时也同样要有顺序。做到这两点，数数就不容易重复和遗漏了。

中篇

针锋相对

01

起跑线玄机

"你！""你……"

"你是苏小盗！""你是布小快……"

奇怪的是，虽然是追追躲躲了这么久，一直上演着"官兵抓贼""猫抓老鼠"的剧情，但两个少年碰个正着，却没有仇人见面分外眼红的感觉，反而像是久未谋面的好朋友，带着几分惊喜，几分好奇。

"这下你跑不掉了吧？这是不是叫那什么来着——瓮中捉鳖、关门打狗。"布小快笑嘻嘻地说。他刚才追出门去猛跑了一阵，没见到人影，就猜想是调虎离山之计，于是当即回头，果然就把苏小盗堵在了屋里。

苏小盗也不慌乱，对他来说，哪怕是进了捕快衙门的

大牢，也不过是换个住处而已，甚至可以说是改善了生活条件，要知道牢房可是包吃包住的……

苏小盗的嘴角浮起了一丝微笑。

不过，代价是没有了自由。

苏小盗心中一凛，决定马上离开。他打量了一下房间里的布局，布小快站在门口，正堵住他出逃的路，而窗户都关得紧紧的，只怕还没等他撞开窗户，就已经被布小快揪住了。

苏小盗身子向左一晃，果然布小快立即向这边扑过来，苏小盗疾如闪电地一点脚尖，转身又向右边绕进，可是布小快就在门口，无论他怎么做假动作，都难以出逃。

试了几次没有成功，苏小盗长叹一声："唉，要是真个儿比速度，你不会是我的对手。"

"真的么？"布小快哈哈大笑，"来，来，来，我们就来个百米跑，一较高下如何？"

看来是对自己的速度超级有信心，布小快转身走出去，也不怕苏小盗趁机逃走。他领头走到捕快衙门的后操场，这儿有一条100米的标准跑道。

两人齐刷刷地在起点蹲了下来，互相看了一眼，点点头。布小快是这场比赛的提议者，他当仁不让地喊起口令来：

"预备——跑!"

耳边只听得风在呼喊着加油,布小快掠过终点线的时候,回头望了一眼,苏小盗还差10米才到终点。

布小快收住脚步,回身等苏小盗。苏小盗满脸沮丧,不等布小快开口就说:"好吧,算我输。"

在这个同龄人面前,布小快突然有了种惺惺相惜的感觉。"这样吧,我们再来一局,这次我退后十米。"他有个新提议。

"你瞧不起我?"苏小盗对这样的话很敏感。

"不不不,"布小快连忙解释,"我刚才不是赢你10米吗?干脆这次我多跑10米,看看我们能不能一起跑到终点?"

　　"嗯，这倒值得试试……"苏小盗突然发现，这么一来，赛跑仿佛变成了一个新游戏，不快之情顿时一扫而空，迫不及待地先跑到起点去了。

　　两人在约定的位置蹲下来，苏小盗回头看看，发现布小快正满脸严肃地注视着前方，姿势就像一枝随时准备射出的箭，看来他还是会像刚才那样，拼尽全力争取胜利，自己也要一样拼命跑才行。

　　第二轮比赛又开始了，这次是苏小盗喊的起跑口令。

　　然而，苏小盗失望地发现，当他离终点线还有1米的时候，布小快的脚已经踏过了终点线。

　　他弯下腰喘着粗气。等布小快回身走过来，他一摆手说："不用讲了，我承认你快一点，而且我明白了，你跑了100米我只跑了90米，那么你就算多跑10米，你多花的时间里我也只能多跑9米，所以最后是你跑了110米，我跑了99米，还是比你慢。"

　　布小快一声不吭，一把将手按在苏小盗的肩膀上。

大脑转一转：

　　布小快跑 100 米，同样的时间内，苏小盗只能跑 90 米，如果再进行一次比赛，布小快让苏小盗 10 米，即布小快跑 110 米，苏小盗跑 100 米，两人能一起到达终点吗？

答案：在生活中，我们经常混淆加减关系和乘除关系。例如，两个人之间的跑步速度和成绩是倍数关系，也就是乘除关系，而不是加减关系。如果你跑 100 米就能赢对手别人 10 米多，那么别人每跑 10 米，你就跑了 11 米多。所以，当别人跑 100 米的时候，你就跑了 110 多米，你仍然能够取胜。

猜猜哪边手

布小快的手刚碰到苏小盗的肩膀，苏小盗就猛然向后跳开，警惕地说："你想抓我吗？我告诉你，虽然你比我跑得快那么一丁点儿，但论上屋过巷、飞檐走壁，你不一定比我厉害。"

"不是这意思。"布小快解释说，"虽然我不知道你住在哪儿，但想必也是风餐露宿，吃了上顿没下顿，何不留在我这儿，陪我读书、玩耍、练习技艺呢？"

苏小盗看着布小快，那双眼睛中流露的满是真诚，有那么一瞬间，他真有点动摇了。可是……他突然大叫起来："不！我才不给你们这些有钱的公子当跟班呢。我在外面过得很开心，想怎么样就怎么样，比你快活多了。"

　　"不，不，你误会了，我就是想交个朋友。"布小快没想到苏小盗的反应这么大。

　　"哼哼！"苏小盗冷笑两声，"说得好听，我见得多了！"

　　"不，不，请相信我。"布小快很着急。他不自觉地向旁边看了看，好像想找谁来证明一下，他可不是一个嫌贫爱富的人。

　　这个动作却让苏小盗更误会了。"想找人来抓我？"他脚下一蹬，飞蹿到了屋檐上。

　　回头看，布小快仍在原地，苏小盗松了一口气。

　　他稳稳地站住，朝下双手一拱："好吧，青山常在，绿水长流，我们后会有期。"

　　布小快显得有些沮丧，他并不打算追上去，只是叹了一口气："我觉得你

还是好好想想我的建议吧。"

"呵呵!"苏小盗把手插进口袋里,突然摸到一个尖尖的硬东西,掏出来一看,原来是布小快的妈妈留下来的那枚徽章。

"那个不能拿走,赶紧还我!"布小快也发现了,作势就要蹿上来。

"不急不急,我也跟你玩个游戏吧,你要是猜中我把它藏在哪只手里,这东西就还给你。"苏小盗把徽章举起来晃了晃,阳光下,深蓝色的珐琅徽章闪着神秘的光芒。

"你说,怎么玩?"布小快往前踏了两步。

"我说三句话,这里面只有一句是真的。"苏小盗双手背到后面又拿出来,分别握拳,"你就猜在哪边吧。"

"你说啊。"布小快这会儿淡定多了。他心想,请你留下来一起玩,你不答应,现在这不是玩上了吗?

"徽章在我这里。"苏小盗摇摇左手,故意拿腔拿调地说。

"徽章不在我这里。"苏小盗又摇摇右手,换了一种腔调说话。

"你还会分角色呀。"布小快笑起来。

"左手说的话是错的。"苏小盗用自己的声音说，"好了，三句话说完，你能猜出徽章在哪只手里吗？猜不出来，我可走了哦。"

"这……你等一下，逻辑推理的问题，我爸爸教我画表格分析思考比较好。"布小快说完就想转身进房间拿纸笔。

"算了吧，看来你也不是件件事都比我快嘛。让我来告诉你吧，第一句话和第二句话表面上是相反的，但因为分别是左手和右手说的，所以'我'不一样，并不相反。而第一句话和第三句话是相反的。"

"那又怎样？"

"你没听说过吗？'两句相反，必有一真！'既然第一、第三两句必有一真，那第二句就不是真话了。第二句是什么？"苏小盗故意反问。

"右手说徽章不在它那里……"布小快明白过来了，"这句是假的，徽章就在你的右手里！"

"好啦，徽章还给你，今天算是扯平了，见面很愉快，我们下次再聊。"苏小盗晃晃身影，不见了，只留下一句话，"还要告诉你，我要是你，就去找妈妈！"

"你说什么？"

大脑转一转：

　　苏小盗左手和右手说的这两句话，听起来是相反的，可是也有人说，它们不是相反的。这到底是为什么，你想明白了吗？

答案：如果两句话相反，那么这两句话就是互相矛盾的，也就是说一句是真的，一句是假的。但是判断两句话是否相反时，还要注意说话的人。如果这两句话是同一个人说的，那显然是相反的；但是如果是不同的人说的，也许就不是相反的。这个例子，让我们明白了"数学阅读"是要冷静分析的。

03

相遇廿二次

"你给我回来,你说这话是什么意思?"布小快大吼。

苏小盗的身影再次出现在门外的一棵大樟树上,似乎是卖弄技艺,他特意站在树梢之上,随着树枝晃晃悠悠的,惊险不已,却不会真的掉下来。他朝布小快招招手说:"我先走了,如果想聊,时针和分针22次相遇之后,镇东头的望归亭见。"

一晃,他又不见了。

"真是个小毛贼,来也匆匆去也匆匆……"布小快恨恨地骂了一声,又笑起来,"这家伙还是蛮有意思的。他是什么意思呢?爸爸不是告诉我,妈妈早就去世了吗?"

抬头一看,正好看见布飞快大步流星地走进捕快衙门,

布小快迎上前去，讨好地接过爸爸手里的刀和马缰绳，支支吾吾地说："爸爸，我想问您一件事，我妈妈她……"

"她走了，到另一个世界去了，永远不会回来了。"布飞快脸色一沉，狐疑地看着布小快，"你为什么突然问这个？"

"哦，没什么。"布小快觉得还是去问苏小盗比较稳妥，看样子他今天在捕快衙门里发现了什么。由于爸爸的威严，布小快是不敢乱翻书房里的东西的。

有话不好好说，却偏说什么"时针和分针22次相遇"，那不就是22小时之后吗？苏小盗离开捕快衙门是中午12时，那22小时后就是明天上午10时了。

心里藏着谜团的布小快提前了一些时间赶到望归亭，可是左等右等，还是没有看到苏小盗的人影。

"真是太不像话了，不是说盗亦有道吗？这苏小盗怎么就变'没道'了呢。"布小快气呼呼地东张西望，突然感觉身后有人，他连忙跳开，果然站在他身后的正是苏小盗。

苏小盗笑嘻嘻的，一点儿也不像是为迟到而抱歉的样子，反而满脸无辜地说："你怎么早这么多？不是应该12点到吗？"

"时针和分针一小时相遇一次，那22次当然就是22小时了。"布小快不假思索地说。

"哈哈，昨天看你蛮聪明的，今天怎么就变糊涂了。我问你，时针和分针在钟面上转，速度分别是怎样的？"

"时针的速度是每分钟转0.5°，分针的速度是每分钟转6°。"布小快认真地回想着钟表的运行规律：时针每12小时转一圈，也就是720分钟转360°，$360° ÷ 720 = 0.5°$；分针每小时也就是60分钟转一圈，也就是360°，$360° ÷ 60 = 6°$。

"对了。"虽然说"对了"，但苏小盗对布小快的回答并不表示"满意"，"我们一算就知道，时针和分针并不是一小时相遇一次，而是要 $360° ÷ (6° - 0.5°) = \dfrac{720}{11} = 65\dfrac{5}{11}$ 分钟。"

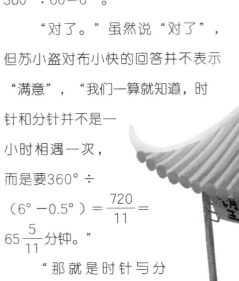

"那就是时针与分针要一小时多才相遇一

次……看来24小时相遇不了24次。"布小快边想边说。

"24小时相遇的次数就是$24 \times 60 \div \frac{720}{11} = 22$次！"苏小盗得意地揭晓了答案。

布小快恍然大悟："难怪你说了个奇怪的22次。好吧，算你厉害。我心急，所以就来早了。"

两人相视大笑。

布小快看了看亭子上的牌匾，若有所思地说："这个亭子叫作'望归亭'，我小时候经常跟着爸爸坐在这儿，他看着东边的这条路，我当时就觉得他是在等谁回来……难道？我的妈妈并没有去世？而是从这条路走了？"

他回头热切地望着苏小盗，激动地说："快告诉我，你发现了什么？"

苏小盗沉吟着说："我只能说，你爸爸书房里的书桌下面有个抽屉。我在那里看到了一本你爸爸的旧日记。那本日记，你看了以后，可能会比我明白，肯定也比现在更明白。"

布小快瞪了苏小盗半晌，确定他是认真的，然后扭头奔出亭子，往家里跑去。

大脑转一转：

    使用分数表示速度，并列式计算，可以发现时针与分针要一小时多一些时间才相遇一次。但是直接观察或思考推理，其实我们也能发现这一点。请你找个钟表，试一试吧。

答案：当我们不需要精确计算出分针与时针多长时间相遇一次，只需要估算时，可以大胆地进行推理。假如时针与分针开始时都在数字"12"处，它们一"出发"，分针就走在了时针前面。等时针走到数字"1"的时候，分针走回到了刚才的"分手"处数字"12"。此时已经过了1小时。而当时针走向数字"2"时，分针会从后面追上它、超越它，最终转一圈又到数字"12"。由此可见，两针相遇一次所经过的时间，比1小时多一些，比2小时少很多。

拉坏一抽屉

布小快一路飞奔进捕快衙门，惊醒了门口打盹的大黄狗，惊飞了院里的母鸡和小鸡，连大堂里斜靠在墙壁上吓唬人的大板子也被他带倒了一长排，但他都顾不上了。

他直奔后院，一位鹤发童颜的老人伸手挡住了他。布小快一看愣住了："咦？丁爷爷？您怎么在这儿？""你呀，跑这么快干什么？"

别看热闹镇的捕快衙门是为全镇居民服务的，但是这衙门其实是这位丁爷爷的私人房产，只是他的房子不止一处，他又喜欢钓鱼，就搬到追遇河边去住了，把这座大宅子借给布飞快作为办公场所。

说是借，其实丁爷爷并不收租金，正像他说的："反正

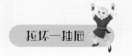

我无儿无女的，这些房子等我百年之后，也是留给镇上的乡亲们了。"

丁爷爷朝布小快晃了晃手里的瓶子，里面有东西在蠕动。布小快认出来了，这是丁爷爷用来钓鱼的鱼饵——蚯蚓。他没心情跟丁爷爷多说，干脆找了个理由："我爸让我回来找本书。"

"哦，那肯定是要紧事，你赶紧进去找吧。"

布小快长呀一口气，若无其事地跨进爸爸的书房，转身把门关上。他从窗格往外窥探了一下，发现丁爷爷又拿着小锄头在挖蚯蚓了，放下心来，平静了一下，来到书桌旁……

　　书桌上散乱地放着不少书籍、文件，还有一些揉成一团的纸，布小快小心地翻了一阵，并没有发现什么特别的东西。那几个纸团打开一看，多半是布飞快随手涂写的一些案件线索思路之类，有的人名可能是为了保密，还用墨汁涂成了黑团团。

　　最糟糕的是，有一个纸团打开后，发现里面是一些剪下来的指甲，不，看这么粗厚的样子，应当是趾甲。爸爸都在书房里干什么呀！布小快手一缩，纸团掉在了地上。

　　不管怎么恶心，还是要捡起来，要是让布飞快知道他违反禁令进入书房，可没好果子吃。这一蹲一抬头，布小快有收获了，就像昨天苏小盗在这个房间时一样，他也看到了书桌下面那个茶灰色的抽屉。

　　这抽屉里会有什么呢？布小快强压着激动的心情，一拉抽屉，却听得哗啦一声，整个抽屉掉了下来。

　　定睛看去，地上是1片、2片、3片、4片、5片木板，并没有其他东西。

　　"怎么啦？"布小快吓了一跳，原来是外面的丁爷爷在问。

　　"没事没事，我把几本书碰掉下来了，还好没坏。"

"你爸爸的书都是大部头啊，掉在地上这么响？"

布小快吐了吐舌头，干脆不接话了。他小心地来到窗格前再次窥探，看丁爷爷又认真地翻找着土里的蚯蚓，就连忙回到书桌下，把那些木板捡起来拼好。严丝合缝，仍是原来的模样。

这抽屉怎么这么不经拉，苏小盗昨天有没有拉掉下来？咦？对了，里面的日记本呢？

那日记里，必定有妈妈去哪里了的秘密。

大脑转一转：

抽屉是一个长方体，长方体有6个面，可为什么只有5片木板呢？如果这5片木板只有3种边长，分别是30厘米、21厘米、5厘米，那么你能想象出它们拼合的样子，以及制作这个抽屉用了多少平方厘米的木板吗（厚度不计）？

答案：抽屉是一种"没有上面的长方体"，缺少的是最大的那个

长（正）方形，因此可以推论出这个抽屉所用的木板面积

是30×21＋30×5×2＋21×5×2＝630＋300＋210＝

1140（平方厘米）。

05

谁的嫌疑大

布小快找不到苏小盗所说的日记本，只好坐在爸爸的椅子上发呆。

日记本到哪里去了呢？平时爸爸不让他进书房，难道就是怕他看到自己的日记本？在接触过日记本的人中，谁的嫌疑最大？肯定是最有"犯罪时间"的苏小盗啦。

至于苏小盗为什么还要提示他自己来找日记本，布小快认定这是苏小盗在他的面前示威。如果说捕快的工作职责就是捉拿江湖大盗的话，那么各路盗贼最成功的事，莫过于把捕快们耍得团团转啦。

布小快脑中想着这些，脚下已经一刻不停地往望归亭奔去。虽然苏小盗不一定还在望归亭，但是布小快根本不知道

还能去哪里找他。

幸运的是，苏小盗还在望归亭。

布小快直冲过去，几乎要把眼睛瞪到苏小盗的脸上了："你把我爸爸的日记本拿到哪里去了？"

苏小盗反应极快，猛地向后退出几米："你没找到日记本？"

"你还贼喊捉贼？难道不是你偷走了吗？"布小快气呼呼地指着苏小盗大吼。

"贼？偷？"苏小盗冷笑几声，"瞧，那是谁来了？"他往布小快身后一指，趁着布小快转身的空当，朝另一个方向拔腿就跑。

"你给我站住！"布小快扭头查看，不见人影，心知上了当，回过身来连忙追赶。

布小快很有信心，之前两人比试过百米，他跑得比苏小盗快那么一点点，但是这次苏小盗已经跑出去相当远了，所以一时半会儿还真是追不上。两人穿过热闹镇，向追遇河方向跑去。

虽然苏小盗并不以速度见长，但是他身手敏捷，尤其擅长借助一路上的花草树木隐蔽身形。不知不觉，两人的距离逐渐拉近，几乎是前后脚来到追遇河边。但就那么一拐弯，布小快发现苏小盗的身影居然不见了。

布小快停下脚步，东张西望，苏小盗就像凭空消失了一样。他担心地想，该不会是跳河里了吧？这河……他找了一块石头往水里一丢，"咚"的一声，果然有收获。一是听声音发现河水相当深，二是听到另一个声音嚷嚷起来："谁在乱扔石头？"

布小快循声一看，愣住了："丁爷爷，您怎么到这儿来啦？"

坐在旁边大树下守着钓竿的，正是之前在捕快衙门挖蚯蚓的丁爷爷。他一看是布小快，就摇头说："你和你爸爸呀，都爱乱扔东西，你乱扔石头，他乱扔杂书。"

"杂书？"布小快眼睛一亮，急忙冲过去抓住丁爷爷的

手，"您是不是在书房外面看到过一本旧书？"

"一本旧书？你家后门角落那儿有一堆旧书旧报，啧啧啧，都堆得长虫子了。后来我不挖蚯蚓了，干脆直接拿瓶子去里面逮虫子，没想到呀……"

布小快心跳加快："没想到什么，是不是发现了一本特别的书？"

丁爷爷说："什么书，我年龄大了眼睛也花了，那些书看不来啦，现在我最感兴趣的就是钓鱼。我当时也是灵机一动，没想到呀没想到，这河里的鱼儿还特别爱吃这种书虫。"

"那些旧书旧报呢？"

"后来不是收垃圾的来了吗？我看见他们在清理那堆破烂了。"

虽然这一路奔跑已经很累了，但是布小快还是一扭身就往捕快衙门奔去。

大脑转一转：

　　从原本有一段距离，到后者追上前者，这就是数学上的"追及问题"。有个成语特别适合用来理解追及问题的解题原理，那就是"日积月累"。无论是拉开了距离，还是追上了距离，其实都是积累每分每秒的追赶效果而得到的。假如从望归亭到追遇河边这段距离苏小盗要用16分钟，布小快要用15分钟。现在苏小盗引开布小快的注意力，成功地争取到15秒的"先跑时间"，那么布小快要花多长时间才能追上苏小盗？

答案：对于这种不知道具体路程的行程问题，不妨用"分率"来表示速度，把全程看成"1"，苏小盗的速度就是1/16，布小快的速度就是1/15。现在苏小盗先跑了15秒也就是1/4分钟，那么求追上的时间，可以根据"日积月累"的道理，用路长除以追及的速度差，即 $\left(\dfrac{1}{16}\times\dfrac{1}{4}\right)\div\left(\dfrac{1}{15}-\dfrac{1}{16}\right)=3\dfrac{3}{4}$（分钟）。

垃圾分类中

布飞快平时忙忙碌碌，家里的琐事总要攒一攒再处理，拖来拖去，后门角落堆的书报废纸就慢慢地成了小山，风吹雨淋之下，化身虫子乐园。

丁爷爷发现鱼儿们很喜欢吃这样的虫子，可是布飞快不想"吃虫子"。有一次，他正吃饭，突然从饭碗里挑出半只飞虫来，害得他冲到院子角落去呕了半天。

布飞快痛下决心，趁早要把这些旧书报清走，所以热闹镇上的垃圾回收工就上门了。

布飞快自己公务繁忙，当然没空看着，也不指望这些旧书报卖出多少钱，主要还是让它们"回到大自然的循环中"（这是布飞快说的），因此，只有两位回收工自己在那

儿忙活。

这两个回收工其实是一对夫妻，男的穿着蓝色工装，女的穿着红色工装。关于怎样把这些旧书报分类，他们有不同意见。

"蓝工装"认为："世界上最有道理的分类就是分成两类。"

为此，他还举了一个例子："你还记得吗？我们读书的时候，老师说所有的自然数可以分成两类，一类是单数，一类是双数。"

"还单单、双双呢，当年班上同学就数你幼稚，书上不是说正式的名字叫奇数和偶数吗？"

"对对对。这些书报，我觉得最合适的就是分为书类和报类。天然的分类，多妙！"

"红工装"略一沉吟，觉得丈夫说得有道理，于是就和他一起动手清理起来。旧书就往左边丢，旧报就往右边扔，进展倒也迅速，一会儿就清理得差不多了。这时候，他们发现还剩下一本看来既不是书，也不是报的厚本子，上面沾了不少黏糊糊的东西，"蓝工装"从旁边找到一张废纸，包起那个旧本子，也不递给"红工装"了，直接放在中

间地面上。

"喂，你把这本扔中间，不记得老师当年说过的'分类要既不重复，也不遗漏'吗？"

"可是这本子你说是归为书呢还是归为报呢？我觉得还是把它算作第三类吧。"

"有这样的分法吗？""红工装"犹豫了一下，又高兴起来，"有，当年老师也说过，自然数还有一种分法是分成3类，凡只能拆成1乘以它本身的叫质数，不止这样两个数相乘的叫合数，然后1最特别，都不符合，就另外归为一类。哈哈，这样不就是3类了。"

"我记起来了。当时我就一直想，质数类、合数类，然

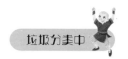

后这个1叫什么类呢，一直到现在也没想明白。"

"笨呀，这个只有1，单独的类，当然就叫'1类'啦。"

"哇，老婆你真聪明，我当年要是问你就好了。我以前觉得老师教的都是没用的东西……"

"红工装"打断他的话："你才是没用的东西。"

"蓝工装"委屈地说："我又不是东西……我是说以前觉得老师教的知识是没用的东西。不过这些年干着活，我又觉得以前学校里学的那些东西其实很有用。你看眼前，这旧报纸多，旧书少，然后还单独有个旧本子，像不像以前背的1到100的数，质数少，合数多，然后还单独有个'1'。"

"你也不笨嘛。""红工装"嗔怪地看了一眼丈夫，"就是光想不问，所以把自己想迷糊了。"

两人聊着，把分好类的旧书报分别装袋，堆到小驴车上，然后甩了个响鞭，驾着车走了。

过了一个多时辰，布小快才跑回来，只看到院子角落已经被清理得干干净净。

数学小侦探

大脑转一转：

　　"蓝工装"把1到100的数中的质数背得滚瓜烂熟，一数共有 25 个。他高兴地觉得很好记，因为 25 刚好是 100 的 $\frac{1}{4}$，然后合数就占另外的 $\frac{3}{4}$。你觉得他的想法对吗？

答案：在1到100这100个数中，质数有25个（你能全部找出来吗？），确实占 $\frac{1}{4}$。不过"蓝工装"后面的话错了。因为他忘了，剩下的数中，除了合数，还有一个"1"。所以合数有74个，占 $\frac{74}{100}$，也就是 $\frac{17}{25}$。而最特别的那个"1"占总数的 $\frac{1}{100}$。

跟车装卸工

热闹镇的"绿色中心"名字很好听，实际上就是全镇的垃圾处理指挥总站。这也说明热闹镇居民的环保意识非常强，这是这个小镇看起来特别整洁的原因之一。

小镇不但在居民丢垃圾、员工上门收垃圾的时候实现了分类，而且还分别建设了处理各类垃圾的站点。为了避免集中建设而影响居民的生活，所以5个垃圾处理站分别设在小镇的不同位置，平时靠转运车把收集的垃圾运送到合适的处理站去。

垃圾处理指挥总站，并无垃圾，只有一位爱唱诗的胖大师。

胖大师实在太胖了，有多胖呢？这么说吧，任何一辆货

车的驾驶室他都挤不进去，而他如果站在车后的拖斗里，这车能运的垃圾就少了五分之一，所以他既当不了跟车的装卸工，也不能开转运车。

他只能留在垃圾处理指挥总站负责指挥调度镇上这些转运车的运行。

这个工作主要是动脑，所以他就成天躺在一个从回收站找来的大沙发里，于是就越来越胖，成了大家口中的胖大师。

这会儿，布小快就站在他的旁边，看着他唉声叹气。

"唉，镇上的5辆转运车，昨晚不知道被哪个家伙偷走了一辆，现在只剩下4辆了。"

布小快一下子想到了苏小盗："镇上最近出现了一位小

贼，我想一定是他偷的。"

"不管谁偷的，这影响到我的调度工作了。你看那墙上，这是我们镇5个垃圾处理站分别需要的装卸工人数，就是说转运车到站时，需要有这么多人把垃圾从车上卸到处理站中去。"

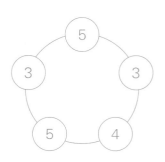

看布小快站在图前若有所思，胖大师继续说："原来我们车和站一样多，只要让这些工人待在回收站等着就行了，车来了就卸货。"

"现在车比站少，又有什么不一样吗？"

"我想到，如果让每辆车上坐3个装卸工，这样到站了他们就下车卸货，于是车上一共只要3×4＝12人。而如果每个处理站都至少安排3人等着，就至少要3×5＝15人。所以……"

"所以什么？"布小快被胖大师的这番话吸引住了。

"所以我发现，车比站少了的时候，其实可以把一些工人安排到车上去，这样更省人力，才配得上'绿色中心'的名称啊。不过，如果有的处理站卸货需要5人，就要在站里再安排2个人。"

布小快对胖大师肃然起敬，没想到这副沉重的身躯里，有一个爱思考的大脑。他盘算了一下，如果每辆车上安排3名装卸工，那么这5个处理站里等待卸货的工人只需要2、0、1、2、0，也就是5人。加上跟车的12人，一共17人，果然比原来的20人少。但这是不是最节约的安排呢？应当全列出来比较一下吧。

还没等布小快想完，胖大师高兴地唱起自编的数学诗来了："从大到小排人数，用n代表站点数。最少人数前n和，第n个是跟车数。"

布小快对这首诗很感兴趣，可是想到日记本，只好甩甩头，打消了研究的念头，问胖大师："镇里今天回收的旧书报送到哪个处理站去了，您知道吗？"

"哈，这样的问题简直配不上我智慧的大脑啊，太容易回答啦，在东南角的那个处理站。"

布小快谢过了胖大师，往东南角的处理站奔去。

大脑转一转：

　　热闹镇有 4 辆垃圾转运车要把垃圾运往 5 个处理站，这 5 个处理站分别需要装卸工 5、3、4、5、3 人，共 20 人。如果安排一些装卸工跟车走，那么怎样安排跟车人数及各点的装卸工人数，才能让完成任务所用的装卸工总人数最少？请尝试用列举法，从每车跟 1 人到 5 人分别试一试。

答案：如果4辆车每车上安排1人，那么5个处理站分别还要有 4、2、3、4、2人，共15＋4×1＝19人；如果每辆车上安排2人，那么5个处理站分别还要有3、1、2、3、1人，共10＋4×2＝18人；如果每辆车上安排3人，就和故事中一样，需要17人；如果每辆车上安排4人，每个处理站要有1、0、0、1、0人，共2＋4×4＝18人；如果每辆车上安排5人，每个处理站都不必另外安排人，共4×5＝20人。果然每辆车上安排3人是最好的选择。你发现没有，4、2、3、4、2，总人数17其实就是从大到小前4个数的和，而每车人数就是第4个数，这就是胖大师的数学诗的含义。

图书论斤卖

比起苏小盗来，布小快最明显的优势，就是跑得快一些。这项本领一部分缘于天赋，另一部分来自爸爸布飞快的真传，毕竟跑得不快的捕快是抓不住强盗与小偷的。

现在，布小快追踪着日记本的线索，在热闹镇上奔跑。为了避免路上那些好奇心重的小镇居民们的询问，他干脆上了屋顶，往前狂奔。万一去迟了，那本珍贵的日记本就化为纸浆了。

布小快全神贯注，快速选择每一次的落脚点。如果有哪片屋瓦不够结实，就可能一脚踏空，整个人掉到某户居民家里去了。要是正好落在餐桌旁边，那还不错，也许能蹭上一顿饭。"来得早不如来得巧，来来来，一起吃吧。"

可要是掉到人家的卫生间里，总不能也一起吧。

"呸呸呸。"布小快暗骂自己的脑筋转的方向不对，怎么联想这么丰富。要是掉进人家的卫生间，我就说是镇上正举行好人好事活动，自己是来送草纸的。哈哈哈哈……

头脑中七想八想，时间就过得快，似乎没多久，布小快就一跃而下，这里正是东南角处理站的门口。

"站长！站长！哦，站长爷爷，请问今天送来的旧书报都在哪里？"布小快发现迎出来的站长其实是位老爷爷，连忙放低了声音。

"哎呀，都已经处理掉了。"

"处理掉了？"布小快不敢相信自己的耳朵，"怎么可能这么快？我一路赶过来的。"

"小快，你有所不知，旧书比较有价值，都有固定的人愿意收。我们这儿平时垃圾一到，里面的旧书就由后街书店的谷老板买走了。"

"收购旧书的书店？"布小快满腹狐疑，问清了具体地址就一路找去。远远看去，布小快哑然失笑，这哪是一家书店，看来倒像是夜市上的小摊。

谷老板有点秃，稀疏的发丝勉强盖着顶，眼角满是皱

纹，却一脸是笑，正招呼客人呢："快来看，快来买，特价图书，每斤15元。"

"书居然还有按斤卖的？"布小快很震惊，难道书不都是按定价卖吗？

"论斤买，你们更划算呀。"谷老板的笑容更深了，"看这本《简笔画速成》，如果按定价要卖20元，但是称一下重量……嗯，只有0.58千克，比20元便宜多啦。"布小快双手抱在胸前："明码标价卖书是你的自由，我也不说什么，不过据我所知，你这书可是从前面的垃圾处理站按废品收来的哦。"

布小快看了看旁边挑书的人，凑近老板，压低嗓子说："站长爷爷告诉我，你从那边买这些旧书，每斤只花了5角钱呢。"

谷老板吓了一跳，紧张地说："你可不要声张，顾客要是知道我的进货价，就肯定不买了。进货成本，那可是商家最大的秘密呢。"

"你守法经营，我也不为难你。不过，有件事想麻烦你一下。"

"什么事？"

"能不能让我在你刚才新收购来的旧书里找一找，我有个很重要的东西可能在里面。"

"哦……"谷老板仔细看了一眼布小快，认出这是热闹镇临时总管布飞快家的公子，连忙堆着笑脸说，"好的好的，反正那些旧书也不值钱，我带您去。"

他请旁边一位老顾客帮着照看一下书摊，就把布小快引到店里。店里光线不好，堆满了各种旧书，难怪他只能把整理好的书摆在外面卖。

谷老板把新收来的那堆书指给布小快看，自己就又出去吆喝卖书了。

布小快看着那堆书，心里犯难了，这可怎么找呢？这时候，听到有一个声音在旁边响起："呵呵，要不要帮忙？"

大脑转一转：

请算一下，谷老板推荐的这本书按斤卖的话，要多少钱？（注意：1斤 = 500 克，也就是 0.5 千克）比定价便宜了多少？相当于几折？你觉得论斤卖划算吗？

答案：计算售价和折扣比较容易，15×2×0.58＝17.4（元），17.4÷20＝0.87＝87%，也就是说相当于八七折。网络书店上常见的图书折扣是八折，其实比较起来是差不多的。不过，从处理站收购来的都是旧书，本来都已经成了废品，收购价非常低，所以论斤卖，甚至在讨价还价中再打点折，对卖书的人来说也还是划算的。

09

遍地找不着

　　布小快一下子跳开，在空中就转了个身，面向声音的方向摆出架势。咬着根草棍儿，靠在书架上笑嘻嘻地看着他的，果然是苏小盗。虽然店里昏暗，但苏小盗的光头似乎让房间亮了不少。

　　苏小盗笑了一下："说时针分针相遇22次那回，其实我提前要把你爸爸的日记本放回去的，不巧有个老头在你家院子里，只好扔在后门角落的书堆上了，谁知道会被当作垃圾清走。这不能怪我啊！"

　　"谁让你一开始就不说实话。"布小快瞪着他，半天叹了口气，"好吧，现在我们就先找日记本吧，找到了都好说，找不到我再跟你算账。"

苏小盗不好意思地吐出草棍儿："你确定日记本在这堆书里，那我们就摊开来仔细找找吧。"

"这堆书估计有200本吧，我们从中间分，各找一半？"布小快提议。

"我来分，边分边找，我见过那本日记本嘛。顺便让你见识一下我的'空空妙手'。"苏小盗围着那堆书转起圈来，越转越快，身影虚幻成一个大陀螺。只见他双手不断轮流取书，抛在旁边的地面上，厉害的是，那些书居然排得整整齐齐。一会儿工夫，那些书在布小快的面前就排出了长长的3列，而且横竖对齐，规整之至。

"这些书正好是可以平均分成3份？"布小快忍不住说。

"你还没看我手里还剩下2本呢。"苏小盗一扬右手。

"好吧，没看清。"这也难怪，布小快正好站在苏小盗摆出来的长方形"书阵"的一端。

"再来一次。"苏小盗似乎不满意自己摆的长阵，又绕着地面上的书跑起来，双手不断交替，几乎可以说是瞬间就把地面上的书从3列调整成了5列。然后，他主动扬了扬手里的书，还剩下4本。

没等布小快细看，苏小盗又嘀咕说："这样还是不行，

我再调整一次。"这一次花的时间更短，待布小快定睛看时，地面上的书已经改为7列了。而苏小盗手里剩下的书，是6本。

"辛苦你了，把这209本书摆出3种布局来。对你的'空空妙手'，我很是佩服。"布小快淡淡地说。

苏小盗摸摸自己的光头，声音中明显听得出不好意思："你也很厉害，这么快就算出书有多少本啦。其实我摆3种样子，是为了数一数有多少本。第一遍没数清楚，我只好又数了一遍。第三遍嘛，我其实是在验算呢。"

布小快笑了："难怪你三次摆出来的都是有余数的。其实呀，这个总数完全可以摆出横竖正好的长方形方阵，不多也不少。"

苏小盗悻悻地把手里的6本书丢下，做了个请的手势，意思是让布小快展示一下。

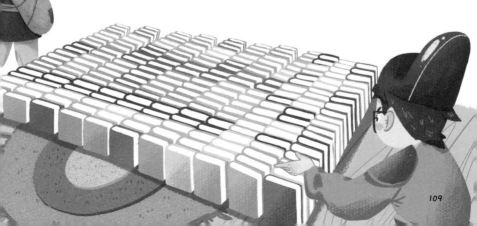

布小快弯腰收起脚下的一些书，连同苏小盗抛下的6本，摆到7列的一侧。果然，增加4列之后，这所有的书，不多不少，摆成了一个长方形。

"好，算你厉害。我明白了，你跑得也比我快，算得也比我快，果然和你爸爸一样厉害。唉，我还是回零隐寺算了，再去藏经阁里读三年书，然后再来找你比试。"

"不要提我爸爸。"布小快脸一沉，"我要问你的是，日记本呢？"

果然，在这满地的旧书中，并没有布飞快的那本日记本。

大脑转一转：

从苏小盗三次摆放中可以看出，书的总数是 3 的倍数多 2，是 5 的倍数多 4，是 7 的倍数多 6。根据这三个信息，你能算出书的总数是 209 本吗？布小快说能摆出没有余数的方阵，除了 1×209 这种特殊的长方形方阵以外，还有哪种呢？

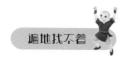

答案：要注意到这3种情况，余数其实都是比除数少1，所以可以先求正好是3、5、7的倍数的最小的数，即3×5×7＝105。而布小快说有209本，是他看出大约有200本，那么105×2＝210本，再根据余数情况减1，就得到了209本。用2、3、5、7……依次去试除209，会发现209＝11×19，那么可以摆成11列、每列19本的长方形方阵。

盲盒想不到

"谷老板，今天收购来的所有书都在这儿了吗？"

"是啊？不过，有几本笔记本，不算书，我就另外处理了。"

"另外处理？"布小快不由得吼起来，在他看来，这另外处理，只能是化为纸浆了。

"别急呀，这种旧笔记本，有的还有特殊的价值，我怎么舍得扔掉呢。"谷老板看出布小快很着急，"上个月，还有一位老人家在我这儿买到了热闹镇建设工程队队长的日记本呢。"

"我是在找一本日记本，那是我家丢失的，如果在你这儿，难道不应该直接还给我吗？"布小快质问谷老板。

谷老板挠挠头："可是这些旧书报都是我花钱买来的，布捕快也说过，镇上居民的合法财产都应当得到保护。别看我的房子又老又旧，但是风能进，雨能进，国王不能进。"

"呃。"布小快愣住了，这确实是爸爸一贯坚持的。

苏小盗大大咧咧地走上前，一拍谷老板的肩膀："明白明白，你就干脆说，那日记本要卖多少钱吧？是不是也一斤15元？"

谷老板眯着眼睛说："这种东西怎么能当成普通的书来卖呢？我把它们制作成盲盒啦。"

说着，他从书架底下搬出3个一模一样的纸盒子来，"看，付300块钱，你可以挑其中一个纸盒子。不过打开以后，是不是你要找的日记本，那我可不能保证。听说过吗？在概率面前，万事皆有可能。"

300块，这可难倒了两位少年。他们走到一个角落里，把身上所有的口袋都掏了个底朝天，才凑了285元。

谷老板接过钱，数了两遍，确认两位少年没有更多的钱了，才不甘心地说："好吧，就当我今天优惠酬宾，给你们打九五折。"

"九五折算什么优惠，按一斤15元，不，按你买来的价

格一斤0.5元，都够买下一堆书了。"苏小盗替布小快抗议。

谷老板想了想，又说："好吧，那我再让一步。待会儿你选定一个盒子后，我会把剩下两个盒子中空着的那个打开，然后你可以决定是坚持原来的选择，还是选另外那个没打开的盒子。"

反正都是碰运气，布小快不想婆婆妈妈的，他干脆利落地指了指离自己最近的右边那个盒子。谷老板拿出剪刀，把包得严严实实的中间那个盒子打开，里面只是一块大小与书相仿的木块，难怪掂起来3个盒子的重量差不多。

换吗？布小快和苏小盗互相看了一眼，不约而同地点点头。

布小快的选择是换。他拿起左边那盒，劈手夺过谷老板手里的剪刀，三下五除二就把这个盒子打开了，里面也是一

块木板。

布小快还在发愣，苏小盗冷不丁出手，拿起布小快原来选择的那个盒子。他的手灵巧而有力，瞅准纸盒上的一条缝，一挑一撕，把这个纸盒也打开了。

里面同样是一块木板。

大脑转一转：

这其实就是著名的"三门问题"。如果有三个关着的门，一个门后面是你想要的东西，另外两个门后空空如也。当你选定一个门后，主持人把剩下两个门中没有目标物的门打开，问你要不要改变选择。此时改变选择会增加你赢得目标物的概率吗？不妨用枚举的方法分析一下，或进行推理。

答案：先用枚举的方法分析一下。以布小快的情况来说，布小快选的是右盒。如果一开始日记在左盒（谷老板开中盒），那么换选择就恰好能选中；如果日记在中间的盒子里（谷老板开左盒），那么换选择也能选中。但如果一开始日记就在右盒，那么换选择就拿不到日记了。可见，同样是"换"，只有一种情况不好，另外两种情况都是好的，因此"换"比"不换"好。其实还可以进行推理。既然选完一个盒子后，谷老板会把剩下的两个盒子中"不是"的那盒指出来，那么布小快以"选一盒后一定换"的策略，其实相当于一开始就选了两盒，这当然是划算的呀。

11

老板包木板

"好啊，居然拿3个都不是的盒子来糊弄我？"布小快气得够呛。

"盲盒就是这样啊，"谷老板振振有词，"我做了一堆盲盒，怎么可能分得清哪个是装着日记本的，哪个是装木块的？随手一拿就拿了3个都不是的，那也是有可能的，这不也是概率吗？"

眼见布小快脸色不好，再想想这可是热闹镇总捕快布飞快家的公子，谷老板满脸痛苦地把285元钱退给了两个少年。不过，他双手一摊，表示店里的盲盒实在太多，分不清了。

为此，他还特意请布小快和苏小盗到里屋查看，果然与日记本大小相仿的盲盒堆得跟山一样，除非一个个拆开，否

则根本不可能从外观上看出哪个盒子里面有日记本。

苏小盗扯了扯布小快，示意他别在这儿争执了，先跟自己走。

三分钟之后，苏小盗和布小快已经坐在后街书店的屋顶上了，背靠着风火墙，这个位置从下面很难看到。

苏小盗说："我一定要找到那日记本，哪怕一个个盒子全拆开。不过你想，这日记本刚送过来，即使已经做成盲盒，怎么可能和那些旧盒子混在一起了呢？我看那老板的眼神，他肯定知道在哪个盒子里。"

"你先别急。有时退一步反而别有天地，我们就在这屋顶上观察，没准有新发现。"

两人耐心地从瓦缝里观察书店里的动静。谷老板已经神色慌张地把外面的书摊收了进来，看来他今天打算提前关门。

他从不起眼的角落里抱出一堆盲盒来，每个盲盒看起来规格都一样。

只见谷老板把盒子放在桌面上，皱着眉头想了半天，突然一拍大腿自言自语："我把10本包在一起，真要来讨的话，就说要打包卖，赚他一笔。"

怎么包呢？谷老板把10个盒子最大的面相对，一个一个

地叠起来，然后从一个书架上找来一大张包装纸，把它们包在一起，又从抽屉里抽出一条打包带，把这个大盒子扎得紧紧的。

谷老板咂咂嘴，似乎比较满意。他随手把桌角上的油灯提起来，把大盒子推过去，油灯往上一放。哦，原来是要把这大盒子充作灯座。

接下来又是10个盒子，谷老板是把它们第二大的面相接，摆在桌面上。这次可不太好包，好一会儿工夫才包成一块"宽木板"。而第三批10个盒子，则是以最小的面相接，摆成了长长一溜，费了相当多时间，才包成了一块"长木板"。

布小快和苏小盗互相看了一眼，无声地笑了，第一种包法还比较正常，第二种、第三种包法可从来没见过。

但很快他们就不得不佩服谷老板的苦心了，原来他把"宽木板"放到了书架上，作为搁板，"长木板"直接横在了大门后，作为挡门板。

"两板一底座，到底哪个里面有我们要的日记本呢？"布小快和苏小盗咬着耳朵商量，苏小盗提出了一个行动方案。

大脑转一转：

已知这些盲盒的大小与小学数学课本的大小相似，长宽高分别是 26 厘米、18.5 厘米、2 厘米。用家里大小相似的书，按三种拼法摆摆看，算算看，哪种方法用的包装纸最多呢？要用多少平方厘米？你能总结出一种计算包装纸大小的通用算法吗？

答案：包装纸大小就是包起来后物体的表面积（接口等重叠部分忽略不计），也可以看成原来10个盒子的面积减去9处拼接处抵消面的面积。使用的包装纸最多，抵消面的面积就要最小。因此，包装纸面积＝（26×18.5＋26×2＋18.5×2）×2×10－9×2×（18.5×2）＝11400－666＝10734（平方厘米）。以上算法可以总结为：每个长方体的表面积×个数－（个数－1）×拼接面的面积。当然，你也可以有自己的算法。

12

巷角可堪过

　　苏小盗提出的方案简单粗暴：冲进书店里，抢了那三份打包好的盲盒就跑。

　　布小快暗想："这是你的老本行呀，只不过现在升级成明抢了。"不过一想这旧日记本本来就是自家的，心里就释然了。但是，怎样才能一下子抢走3个不同位置的东西而不被谷老板制止呢？苏小盗说："小盗自有妙计。"

　　布小快学着苏小盗的样子，在脸上蒙了面罩。苏小盗在前面沙哑着嗓子叫门："快开门，快开门，失火了，失火了。"

　　书店最怕火，谷老板一听就打开门来看个究竟，就在这瞬间，他只觉得身边嗖嗖两阵风，两个人钻进了书店。

　　谷老板大叫起来："不要抢我的钱！"他冲到里间，用

身子挡着保险柜，还顺手抄起根木棍。

哪知道这两个蒙面人根本不冲着钱柜来，一个叫了声"抢盲盒，快！"直奔桌面上的"灯座"而去，另一个则冲着书架上的"搁板"去了。

谷老板恍然大悟："又是你们两个！"冲着门口扑过去想堵住他们。

前一个蒙面人叫声"扔！"把手里的"灯座"朝谷老板扔了过去，趁着谷老板稍一愣神，他先一步到了门口，把刚才被谷老板取下来靠在门边的"长木板"一带，扛着就跑。

第二位蒙面人愣了一下，看看手里的"宽木板"，咬咬牙，把它往谷老板脚下一甩。就在谷老板跳起躲避之时，他闪身而过，顺手接住"长木板"的后端，和前一个蒙面人一起扛着跑出了书店。

两个蒙面人正是苏小盗和布小快，如果一个人扛着一块将近3米长的"长木板"，那必定非常影响速度。幸好此时两人一前一后扛着"长木板"走，虽然没有训练过，却配合默契。身后谷老板骂声不绝，看来他紧追不舍。

"这边走。"布小快跟着苏小盗，钻进了旁边的巷子里。他们很快发现，平时逃跑，小巷子是个好选择，七拐八

弯，别人很快就找不着你了，但现在两人扛着"长木板"，拐弯的地方，可就难过了。

而前方正是一处直角弯。

正在布小快犹豫的时候，前面的苏小盗大喝一声"过"。他来不及多想，变换着手势与身形，一边留意不要撞上旁边的墙壁，一边还要配合苏小盗的速度，但神奇的是，这拐角居然就这样通过了，两人一点也没慢下来。

刚通过不久，就听到后面"砰"的一声，接着是"哎哟，哎哟"，原来谷老板收不住脚，撞在了墙上。

布小快心里大乐，嚷嚷道："谷老板，别追了，这些东西的成本钱，我已经放在你的书架上啦。"

两人一口气跑出好远，直跑到热闹镇的西北角，才在一处空地上停下脚步。

"厉害啊，刚才那个拐角，你算得真准。"布小快夸赞苏小盗，不过他觉得这当然

1米

26米

是"小偷必修功"——凡是算不好、跑不快的小偷，不是都被捕快给抓住了吗？

最重要的问题其实是：你怎么知道我们要的东西就在这块"长木板"里？

苏小盗哈哈一笑："这就得靠察言观色，留意那些'微动作'了。我们抢'灯底座'与'搁板'的时候，谷老板意识到是我们俩，眼睛马上就看向那块'长木板'，可见这块'长木板'就是我们的目标了。"

果然，他们拆开包装，把里面的10个盒子全部打开，9个盒子里是充数的木块，剩下的那个盒子里正是那本布飞快的日记本。

布小快正要打开日记本，苏小盗伸手按住了："你还是回到家里慢慢看吧。"

大脑转一转：

他们跑进的这条巷子的宽度只有 1 米，前方有一个直角弯，而他们扛的这块"长木板"长度是 2.6 米，

那么在不停脚步的情况下，能够正好通过拐弯处吗？

答案：可以想象，当木板经过直角时，就构成了一个等腰直角
三角形（如下图所示）。两条直角边的长是$1 \times 2 = 2$米，
根据勾股定理"直角三角形的两条直角边的平方的和等
于斜边的平方"，斜边的平方是$2^2 + 2^2 = 8$，而"长木
板"长度的平方是$2.6^2 = 6.76$，比能通过的最长长度要
短，所以可以通过拐弯处。

巷子宽1米

下篇
少年出发

01

永远走不开

热闹镇，捕快衙门，后院菜地的石桌旁边，布小快坐在石凳上翻看日记本。

看着一页页的日记，布小快的泪水渐渐盈眶，然后啪嗒啪嗒地落下来，滴在发黄的纸上，很快就被吸干，留下一圈圈隐约的印记。

一声叹息，一只手搭在他的右肩上，另一只手帮他擦了擦眼泪。

布小快不用回头，就知道是爸爸来了。

他平复了一下心情，问："您为什么骗我？说妈妈已经去世了？"

布飞快在他的旁边坐下来，顺手接过日记本放在旁边，

叹了一口气说："唉，这些年，连写日记的时间都没有了。"

"您是很忙，但为什么忙得连妈妈也顾不上呢？"

"不是我顾不上你妈妈，是她喜欢热闹，不愿长期待在咱们这个并不热闹的热闹镇。"

"是吗？"布小快很少听布飞快聊妈妈的情况，充满了好奇，一时之间忘了伤心。

"你的妈妈，从小就喜欢往外跑，嫁给我之后在这个小镇上安静了几年。这儿应当是她待得最久的地方了吧。自从有一次看她在纸上写'世界那么大，我要走遍它'，我就知道，她最终会走的。"

"那您为什么不跟妈妈走呢？"布小快其实也觉得一直待在这个小镇上，是件很闷的事。他想像苏小盗一样生活，虽然多了风餐露宿，但也多了无数精彩。

"跟我出来。"布飞快拉着布小快的手，走到捕快衙门外面，往前一指。

"看这些忙忙碌碌的街坊，他们为生活奔波，也算奉公守法，但人多了难免会有纠纷，也难免有些鸡鸣狗盗之徒。我维护着这儿的秩序，小镇才有如此的安宁。如果我一走，恐怕这儿会乱成一锅粥呢。"

布小快默默地看了一会儿，突然又问："真有这么多事要管吗？"

"人多事也多。"布飞快和布小快牵着手，在街上边走边说话。迎面过来的人，总是热情地跟他打招呼，布飞快也有礼貌地回应着。

"人多收到的热情就多！"布小快总结说。

"可是要有了纠纷，花样也多。"布飞快随手一指旁边的饭店，"看到那10个人了没有？就为了争个座次，也吵了半天。"

"座次有什么好吵的？"布小快不明白了，"大家轮着坐不就好了吗？"

"你知道有多少种坐法吗？"布飞快反问布小快。他走进饭店，很有权威地说："听我指挥，你们今天先按这样的座次坐，然后明天换个座次，后天来了，再换个座次，等哪天把所有座次全轮完了，你们再来这家店吃饭，就全由我请客了。"

"啊？爸爸，我们哪请得起

这些人天天吃饭呀，那不是要破产了？"

"走，我们外面说。"布飞快拉着布小快出来，"我们可以想象大家依次坐这10个座位，第一个座位有10个人可以选择，等这人坐好后，第二个座位，有9个人可以选择，然后第三个座位有8个人选，这样下去，最后一个座位剩下1个人。你知道多少种坐法吗？10×9×8×……×3×2×1，3628800种！"

"三百六十二万八千八百！"布小快掰着手指数了又数，才确认这是个百万级的数，"那不是如果他们一天换一次座次，那得将近一万年呀？看来真是人多事也多呀。"

"爸爸，看来你要一直待在这个小镇，永远也走不开了……"布小快抱着布飞快，喃喃地说。

大脑转一转：

不妨想得更深入一些。如果我们把任何人的左右两边坐的人相同，就看成同一种座位顺序，而不管具体座位方向。例如 A、B、C 三个人坐一圈，按顺时针观

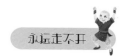
察，无论是 ABC，还是 BCA，还是 CAB，都算同一种座次，那么 10 个人坐一圈的不同座位顺序情况，又应该是多少种呢？

答案：从举例中可以看出，如果是3个人排队，排成一列与排成圆圈两种情况中，前者的顺序情况是后者的3倍。所以，10个人坐一圈的座位顺序情况，只按左右手而不管具体座位的话，应当是3628800÷10＝362880种。

数学小侦探

沿着这条路

　　"爸爸！"布飞快又被热闹镇的居民叫去处理纠纷了，布小快望着他的背影，只能默默地在心里呼唤。

　　"好吧，既然您走不开，那我就自己去寻找妈妈。"布小快暗暗下了决心。

　　怎么找呢？发现这本日记本的是苏小盗，他走南闯北，去过不少地方，比从小生活在热闹镇的自己江湖经验丰富多了，何不邀请他一起走呢？

　　打定主意，布小快就往大榕树的方向跑去。

　　大榕树不知是打哪年起生长在这块土地上的，布小快觉得自己刚记事的时候，这棵大榕树似乎就已经有这么高大茂盛了。他从树底下往上望了半天，也没看到苏小盗的身影。

"奇怪呀，记得他说过可以来这里找他的。"

正当他仰面疑惑的时候，突然有一块东西掉下来，正落入他不自觉张大的嘴巴里。

"啊！呕……"布小快向后跃开，忙不迭地想把一不小心咽下去的东西吐出来。

眼角光影一闪，一个少年从树上跃下，站在他的面前，双手交叉胸前，笑嘻嘻地望着他。他正是苏小盗。

"你把什么扔进我嘴里了？"布小快怒视苏小盗。

"别紧张啦，是我刚从达叔的卤味店切的熟牛肉。放心，不是偷来的哦。"

"嗯，不错，还是草莓味的。"

"不会吧？"苏小盗一愣，掏出个油纸包就想再尝尝，"没听说过有草莓味的熟牛肉呀。"

"哈哈，你也上了一次当。我说的明明是'超没味'的牛肉。"布小快大笑起来，与苏小盗击了个掌，两人觉得出奇的愉快。

两人手脚并用，飞快地爬上树去，边嚼牛肉边晃悠着双脚聊起来。

布小快握着苏小盗的手，热烈感谢他帮忙找到布飞快的

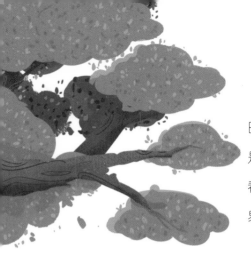

日记本："要知道，天底下都是父母检查孩子的日记，能够看到父母的日记可不是那么容易的事。"

"你打算去找妈妈吗？"苏小盗笑嘻嘻地问。

布小快黯然神伤："我今天来正是想邀请你一起走的，我要去找我妈妈。"

"那可不行。那是你妈妈，又不是我妈妈，你好歹还有个爸爸，我生下来不久就被放在寺院门口，连爹妈的样子都没见过。"

"难道你是从石头里蹦出来的？"布小快这一问，苏小盗呆住了。

"所以嘛，你肯定也有父母，不如我们一起去找？"布小快扶着树杈站起来，拿着牛肉一指前方，"今天我们可以先玩'沿着这条路'游戏，你有兴趣吗？"

两个少年从大榕树上爬下，站在路口，布小快兴致勃勃地介绍起规则来。

"爸爸说，他在这条路上画了20个圆圈标志，现在我们

沿路去找，每次找到1个或2个标志，就停下来让对方找，谁找到最后一个标志谁就赢。"

"哈哈，这个我会，我先来找。"苏小盗很快地找到了第一个和第二个标志。

布小快找到了第三个标志，然后苏小盗找到第四个和第五个。

布小快找到了第六、七个，苏小盗找到第八个。

第九个，第十、十一个；第十二、十三个，第十四个；第十五、十六个，第十七个。双方轮流前进。

当苏小盗找到第十七个标志时，布小快叹了一口气，然后笑了："看来还是你厉害，我接下来找到第十八个，你就能找到第十九、二十个；我找到第十八、十九个，你就能找到第二十个。你一定能赢。"

苏小盗愉快地说："那当然了，这其实是报数游戏，秘诀就是我每回合跟在你后面，一定要把我们的总和控制在3。所以我

　　只要算20除以3，余数是2，就知道我开始找到第一、二个标志，然后你找1个我就找2个，你找2个我就找1个……"

　　"聪明的孩子。"一阵掌声突然在身后响起来。

　　苏小盗回头一看，正是布小快的爸爸，热闹镇的捕快布飞快，他吓得魂飞魄散！

大脑转一转：

　　既然苏小盗说这其实是报数游戏，不妨用报数的办法来玩玩看。你和对方轮流从 1 开始报数，每次可以报 1 个或 2 个数，谁先报到 20 谁就赢了。试一试，你能发现必胜的秘诀吗？

答案：多试几次就会发现，每回合中，对方报1个数，你就报2个数；对方报2个数，你报1个数，这样，后手可以把双方报的数控制在3个数。而20里面有6组3个数，还余2。因此要想取胜，就要先报2个数，然后再与对方你来我往。这样就一定能先报到20了。

03

坚强爬出井

　　虽然已经和布小快成了好朋友，但是对于热闹镇的总捕快，苏小盗还是非常忌惮。

　　自从他到热闹镇以来，虽然没有正经偷过什么东西，但捣乱的事儿干过好多次。如果说布小快追他只是出于好奇的话，那布飞快抓他可是正儿八经的执法呢。

　　所以苏小盗一看到布飞快，就下意识地快速后退几步，"噔噔噔，噗"，竟然掉进了身后的一口古井里。

　　一阵惊呼后，苏小盗跌坐在井底。他抬头往上看，正看到布飞快和布小快在井口往下望，旁边还有一些闻声赶来的小镇居民关切的脸。

　　"苏小盗，你怎么样了？"这是布小快着急的声音。

"哎呀，这井盖怎么不见了，前几天我就想在上面贴个封条，写上'井盖没铁，不能卖钱'，还是迟了一步。"

"幸好这口井早就没水了，要不然这小伙子非淹死不可。"

"我说呢，怎么没听到'咕咚'的声音，还以为他卡在井里了呢。"后面这些都是热闹镇居民的议论，看来大家都喜欢凑热闹。

"哈哈，没事没事，体验一下坐井观天也蛮好的，不过我现在是坐井观脸。"井底光线昏暗，苏小盗摸了一下井

壁，因为枯水已久，所以并没有青苔之类，砖石砌成的井壁还有着手处，看来可以爬上去。

"小伙子，人生一时半会儿掉进井里没关系，及时爬上来就好了。"虽然这口井足有9米深，但布飞快中气很足，再加上井壁的聚拢作用，苏小盗听来清晰得如在耳边。

苏小盗一咬牙，站起来，可是右脚一软，差点跪倒在井底。

耳边却听得上面有人惊讶："咦，不是说没水吗，怎么我看到下面白晃晃地在动？"

苏小盗又好气又好笑："拜托那位大叔，您眼神太差了。这是我的光头啊。"

古井上方，布小快着急地说："哪里有绳子，我们用绳子把他拉上来。"

布飞快却摆了摆手："不用，他能爬上来，虽然有点难，但这是他应该的。"

井里的苏小盗把这些话听得清清楚楚，他惭愧地扶着井壁站起来，试着往上爬。因为右脚不好使劲，全靠双手和左脚配合，好不容易爬上3米，却手一滑，落下去1米。就这样爬3米，落1米，苏小盗咬着牙往上爬，全身汗涔涔的。

平时这9米对他并不算什么，今天爬起来却格外辛苦。最后他终于把手搭上了井沿，有两人各拉住了他的一只手，把他抬出井来。

苏小盗想站好，右脚又是一软，坐在了地上。他看清刚才帮他最后一把的，正是布飞快和布小快。

布小快着急地蹲下身来，摸着他的右脚："哎呀，你这只脚怎么肿成这样？是不是摔断了？"

布飞快冷静地把苏小盗的右脚裤管往上卷，仔细观察，用手按压各处，半晌才说："嗯，应当没事，只是扭伤，骨头还好。只是这样一来，你要有一段时间不能多走路了。"

旁观的众人一听没摔断骨头，纷纷说："啊，那就好。""真是不幸中的万幸。""塞翁失马，焉知非福。小伙子你接下来肯定会走好运啦。"

苏小盗一听，泪珠滚落出来："我……其实是我活该，这井盖是我……"

大脑转一转：

　　苏小盗爬出井确实有点艰难，照他的爬法，9米深的井，要爬几次才能到井口呢？

答案：如果按9÷3＝3次，或者说每次爬上3－1＝2米，共
　　　　9÷2＝4.5次，那就大错特错了。要考虑到，当苏小盗的
　　　　手搭上井沿后，就不会再滑下去了。所以最后3米应当另
　　　　外算一次，列式为（9－3）÷（3－1）＋1＝4次。

拐杖含爱心

正当苏小盗要承认井盖是他偷走的时候，布飞快突然使劲一捏他肿胀的右脚。苏小盗疼得惨叫一声，话也没说完。

布飞快看着苏小盗，意味深长地说："你报告的有关井盖的情报我已经知道了，来，我这就背你去把它找回来。"

布飞快转过身来，让布小快帮着把苏小盗扶到他的背上，然后轻轻松松地背了起来。

苏小盗忍着泪水，伸手指路，左转右转，不一会儿就在草丛中找到了那个井盖。布小快见爸爸正背着自己的好朋友，就想去扛井盖。

布飞快哈哈一笑："儿子，不用这么麻烦。"他左手朝后兜着背上的苏小盗，弯腰用右手一托一掀，就把井盖竖了

起来。"好了，滚吧。"

"哎。"布小快答应一声，转身就走，突然又叫起来，"不对，你为什么叫我滚？"

苏小盗乐了："伯伯是说把井盖滚过去啦，不过，这个还是看我的吧。"他从布飞快的背上下来，用左脚跳到竖立的井盖后方，朝井口方向瞄了瞄，嘴里念着"空空妙手"，双手旋转使了个巧劲儿一推那井盖，骨碌骨碌，井盖欢快地滚动起来。不一会儿，井盖不偏不倚地滚到了井口边，恰好一歪，"当"的一声正好盖个严严实实。

"好，这下功过相抵了。"布飞快高兴地把苏小盗背回捕快衙门，让他在布小快的房间休息。

布小快见爸爸出门半天也没回来，就去看看他在做什么。听到后院传来锯木头的声音，循声找去，原来布飞快正

在锯一根木棍呢。

"您这是？"

"我准备给小苏做一个拐杖，这木棍粗细正好，现在需要把它锯成4段。拐杖的样子你见过吧，就是上面一个三角形，然后中间一条棍。"布飞快手边没有笔，就口头描述了一番。

"这个容易，我朋友的事，当然应该我来！"布小快接过锯子，让布飞快先去忙公务。

24分钟后，布飞快回来了，正好看到布小快把木棍锯成了4段。"爸爸，你看我锯得好不好？4段一样长哦。"布小快强调。

布飞快差点晕倒："麻烦你摆摆看。这三根倒是正好拼成一个等边三角形，可剩下这根也太短了吧，这样拼出来的拐杖，你的朋友只能弯着腰用了。还是去材料库里再找一根吧，我看到有一根特别长的。"

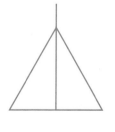

布小快把4段一样长的木棍拼在一起，自己也笑了。这确实不像样，看来只好重新做了。布飞快这次不敢口头吩咐了，在地上画了个示意图，尤其提示布小快要注意比例关

系，这才走开忙别的事去了。

重新找来的木棍很长、很轻、很适合用来做拐杖，但似乎细了点。布小快想了想，决定放弃之前锯好的木棍重新

做，但每个位置都用2根木棍确保牢固。这样就需要把长木棍锯成8段。"反正这根新木棍足够长，只是要用双倍的时间了。"

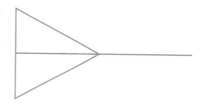

奇怪的是，锯完8段木棍，似乎花了比之前两倍还多的时间。布小快也来不及多想，抓紧时间把木棍摆好钉紧，扛着它就去找苏小盗了。

苏小盗睡了一觉，迷迷糊糊地醒来，正好看到一根木棍伸到他面前。他猛一激灵，想起在别处偷东西时，被村民拿木棍、钉耙追打的场景，吓得一翻身，摔到地上，受伤的右脚撞了一下，痛得叫出声来。

布小快把拐杖递给他，笑嘻嘻地说："在哪里跌倒，就在哪里爬起来。我来助你一臂之力。"

苏小盗拄着拐杖，一时激动得说不出话来。

数学小侦探

大脑转一转：

　　把木棍锯成 4 段需要 24 分钟，那么锯成 8 段是不是就要用双倍的时间，也就是 48 分钟呢？在生活中，我们对数字经常有类似的错觉。锯 8 段木棍所花的时间是锯 4 段木棍所花的时间的 2 倍。想一想，究竟错在哪里？把木棍锯成 8 段需要多少分钟呢？

答案：锯木棍所花费的时间，主要体现在锯的次数上，而锯的次数应当是段数减1。锯成4段，其实只要锯3次；锯成8段，就只要锯7次。因此，把木棍锯成8段所花费的时间是24÷3×7＝56（分钟），并不是锯成4段所花费的时间的2倍哦。

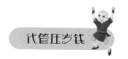

代管压岁钱

转眼，苏小盗在捕快衙门住了三个多月，"伤筋动骨一百天"，他的右脚终于好了。

这段时间里，布飞快特别忙碌，在他的管理之下，热闹镇很久没有发生偷盗事件了。他认为有必要把一部分精力放在小镇的经济发展上，让热闹镇真正地热闹起来。

他想找布小快问问现在的孩子都喜欢玩些什么，却发现布小快和苏小盗围坐在圆桌旁，在纸上写写画画，不知在商量些什么。

布小快解释说："我们俩正在看热闹镇的地图，打算设计一个热闹镇寻宝游戏。"

布飞快高兴地点了点头："这主意很好，爸爸很高兴你

能把镇子的事放在心上。咱们热闹镇以前热闹过，现在已经萧条很久了，所以越来越多年轻人选择离开……"

他看到布小快脸色黯然，知道他想起妈妈了，一转话题："所以我打算多开发一些产业项目，让热闹镇重新热闹起来。"

布小快想起了什么，连忙拉着他的手："爸爸，爸爸，我搞的这些东西需要资金呀，你能不能……"

"要钱没有，要命一条。呃，我是说爸爸也没钱啦。另外，绝对不能拿咱们镇的公共资金给你做试验。"

"我不是有一笔钱寄在您那儿吗？"

"哪有？"

"就是我的压岁钱。"

"呃，那倒也是，你记得真牢。"布飞快打了个哈哈，"哎呀，厨房里还炖了汤，我先进去看看。"

"你的压岁钱怎么在你爸爸那儿？"见布飞快走远了，苏小盗好奇地问。

"他说交给他保管呀，还说什么长大了给我建房子用呢。"布小快不满地说，"天下的爸爸妈妈都是这样骗孩子的吗？"

"我没有爸爸妈妈！"苏小盗沉着脸回答。

"对不起。"布小快意识到自己说错话了。苏小盗是个孤儿，被父母管教的烦恼对他来说是一种从未享受过的幸福。

"儿子，递一下盐罐子。"布飞快正在灶台前忙碌，看到布小快进来了，趁机抓差，"叫小苏一声，准备吃饭喽。"

"爸爸，我打听一下我的压岁钱一共有多少，这总可以吧？"布小快问。

"当然可以。"布飞快把一盘炒好的空心菜端到饭桌上，"儿子，我正要跟你商量一下，把你的压岁钱先借给镇上开发旅游项目怎么样？"

"为什么呢？"

"你想一想，你的压岁钱也才四位数，不算多。如果我们镇的旅游开发做好了，比如说有9倍的收入，那么就会得到……"布飞快仰面朝天，默默算了一下，"还是四位数，不过正好是原来的那4个数字反过来。"

"什么叫反过来？"

"打个比方，原来的四位数是ABCD，乘以9以后，得到的正好是DCBA。"苏小盗在旁边插嘴。

"不错，反应很快，还懂得数学上的'用符号表示更简洁'的道理。你觉得我的提议怎么样？"布飞快这两句话，分别是对苏小盗和布小快说的。

"不怎么样！"布小快断然拒绝了这种明目张胆地挪用压岁钱的行为。

可是，压岁钱到底有多少呢？刚吃完饭，布小快就拉着苏小盗回了房间。

苏小盗帮布小快分析起来，他在桌面上先写下竖式：

$$\begin{array}{r} ABCD \\ \times \quad\quad 9 \\ \hline DCBA \end{array}$$

苏小盗分析得很耐心，有老师的风范："你看，两头的数是比较容易确定的，也就是千位和个位。既然乘积还是四

位数，说明千位上的A×9没有进位，那么A只能是1。A是1，那么D是9，因为九九八十一嘛。"

"分析得很有道理，然后呢？"布小快听得津津有味。

"然后就轮到你来分析B和C了。"

"啊？"布小快一口水差点没喷出来，"你把简单的都分析了，难的留给我想？"

"也很简单啦，道理都差不多。"

"也是，B乘以9也没进位，要不千位上1乘以9之后就要进位了，那B只能是0。这样一来，就很容易知道C是8了，因为八九七十二，加上九九八十一进上来的8，正好是80。"

"1089×9＝9801"

"那我怎样才能拿到这笔钱呢？"

大脑转一转：

　　用竖式分析算式谜是个好办法，先写出竖式，未知的数用不同的字母或符号表示，然后填入数字一一推演，直观明了。如果你学会了这个方法，那么请你想想以下

竖式中的五位数（A、B、C、D、E 所代表的数字可能相同）又是多少呢？

$$\begin{array}{r} ABCDE \\ \times \quad\quad 9 \\ \hline EDCBA \end{array}$$

答案：这个练习是对故事中的数学推理的复习与迁移，解题思路基本相同。ABCDE×9＝EDCBA，积仍是五位数，可见首位A必定是1，末位E必定是9。再观察1BCD9×9＝9DCB1，从B×9不发生进位进行推理，得到B为0。代入算式，10CD9×9＝9DC01，因此D×9的末位一定是2，D为8。最后再推出C为9。也就是说，原来的五位数是10989，10989×9＝98901。

硬币翻不成

　　"哈哈，没想到我有1089元，这些钱到底是多还是少呢？"布小快不如苏小盗那样有江湖经验，对钱确实没有概念。

　　"已经不算少了。回想起来，我去年离开师傅出来闯荡江湖的时候，身上带的钱比你的压岁钱少多了。"苏小盗若有所思。

　　"你那时候有多少钱？"布小快打听。

　　"嗯，我的钱嘛，"苏小盗狡黠地眨眨眼睛，"比你多一点。"

　　"不对！你刚才说比我的少多了，现在又说比我的多一点，这不是自相矛盾吗？"布小快的反应确实当得上一个

"快"字。

"我那时身上只有……"苏小盗在地上写了4个数字：1089。

"这不是跟我一……"布小快"样"字还没出口，就看到苏小盗拿着树枝往数字中间一戳……地上的数变成了10.89！

才十元八角九分呀，果然是比1089"多一点"，可是又比1089"少多了"。

佩服佩服。

"爸爸，嗯嗯？"布小快看布飞快躺在后院的长椅上，正看着天空出神，趁机向他伸出手来，表示想要回自己的压岁钱。

布飞快头也不回："怎么了？要上厕所？"

"哪儿呀。"布小快哭笑不得，"您能不能给我，嘿嘿，那个钱……"

"好啊！"布飞快顺手从口袋里掏出三枚硬币，往布小快手里一搁。

布小快没想到爸爸答应得这么干脆，正高兴呢，看见手里只有3枚硬币，哭笑不得。"我是说能不能把我的压岁钱给我自己用？"

"嗯？"布飞快一骨碌坐起身来，疑惑地看着布小快，"你要钱干什么？"良久，他叹了一口气："还是算了吧，你其实不会用钱。"

"我都这么大了，凭什么说我不会用钱。"

"那好，看着这3枚硬币，我把它们都背面朝上了。现在，你每次可以翻其中任意两枚，能把它们翻到全部正面朝上吗？"布飞快向旁边让出一些位置，方便布小快操作。

"这也太简单了，该不会是你为镇上的幼儿园设计的游园项目吧？"布小快信心十足地翻起来。可是，他发现不管怎么翻，始终没办法把3枚硬币都变成正面朝上。

"我来试试看。"不知什么时候，苏小盗也出现在后院。他试了一下，摇摇头说："还真难。"

但他一边移开手，一边朝布小快挤了挤了眼睛。布小快一看乐了，就在这一瞬间，长椅上的3枚硬币变成了4枚硬币。

"灵感突然来了，现在我有办法把它们全翻成正面朝上了。"布小快得意扬扬地先翻前两枚，再翻后两枚，果然成功。

布飞快看了哭笑不得，什么时候变成4枚了，4是2的倍数，当然容易做到翻转所有硬币啦。他又从口袋中掏出一枚硬币来，放在旁边："那现在一共5枚硬币，你再来试试看。"

这次情况比之前更复杂，布小快翻了好几次，感觉自己快成功了，但总是差那么一枚。

"啊，我发现总数是单数就不行，是双数就行。"布小快总结说。

"是吗？那现在还是5枚，全部背面朝上，我每次翻3枚，你猜能不能全部变成正面朝上呢？"布飞快问。

"肯定不行。"

布飞快轻快地翻起来，他的翻法是先翻第一枚与第四、五枚，第二次翻第二枚与第四、五枚，第三次翻第三枚与第

四、五枚。这样每枚硬币都被翻过单数次，果然最终都变成正面朝上了。

"啊？怎么总数是单数的，这次又行了？到底有什么规律呢？"布小快朝苏小盗投去求助的目光，苏小盗却摇了摇头，表示也不明白。

布飞快得意地说："对吧，你对钱知道得还很少哦。"然后扬长而去。

大脑转一转：

　　这是由著名的翻杯子游戏演变而来的，里面隐藏的是奇数（单数）与偶数（双数）的道理。请你多玩几次，研究一下硬币总数与每次翻的枚数，在什么情况下能成功？什么情况下不能成功？你能解释其中的数学道理吗？

数学小侦探

答案：思考这个游戏，可以发现两个数学道理：1.每枚硬币要想
从背面朝上变成正面朝上，需要被翻过奇数次；2.所有硬
币被翻动的次数总和＝每次翻的枚数×次数。当"每次
翻的枚数"为偶数时，则无论翻多少次，以上等式的左边
一定是偶数；而当硬币的总数是奇数时，根据道理1，以
上等式的左边一定是奇数。这就是不能成功的情况。因为
奇数与奇数相乘，结果为奇数；奇数与偶数相乘，结果为
偶数。小结如下：当硬币的总数是奇数，而"每次翻的枚
数"为偶数时，不成功。其他奇偶组合都能成功。

07

钥匙插插插

两个少年垂头丧气地回到房间。

兵马未动，粮草先行，要想踏上历险之路，路费盘缠总是要有，布小快的压岁钱是他们最大的指望，现在布飞快死活不松口，这可如何是好。

苏小盗忽然觉得布小快一直在看着自己，那眼神有点像……猫看着一条大鱼。

"你看我干什么？我那十多块钱早花光了，你还是专心想想怎么从你爸爸那儿拿回自己的压岁钱吧。"

"对呀，所以我才这么恶狠狠，不，笑嘻嘻，呃，不，可怜兮兮地望着你呀。"

"你的压岁钱在你爸那儿，我能帮上什么忙……哦，你

是想让我当小偷！"苏小盗一下子板起了脸。

虽然他经常施展"空空妙手"，在别人的严密看守中取走物品，留下纸条，但他觉得自己跟小偷还是有差别的，他从来不真正拿走别人的东西，而且事后多半是要送还的。

苏小盗期待自己在江湖中留下来的，是"侠盗"的传说。古人不是说了吗？"盗亦有道"，所以"盗"和"偷"是不一样的。

布小快可不知道苏小盗心里有这么多念头，他急切地介绍说："我爸爸把我的压岁钱锁在他的办公桌上的一个钱柜里，钱柜上面锁了10把锁，每把锁是这10年热闹镇上的锁匠的创新产品，就算拿钥匙试，每把锁也要试1分钟。"

"那就别痴心妄想了。根据我的经验，用钥匙开要花1分钟时间的锁，没钥匙起码要半小时才能打开，还得是我这样的高手才行。"

"不，有钥匙，我爸把那10把钥匙就摆在旁边！"

"啊？不会吧？把钥匙摆在旁边，这不是弱……吗？"苏小盗硬生生把"智"字吞了下去。

"你跟我来！"

苏小盗跟着布小快，蹑手蹑脚地走进了捕快衙门的办

公室。

　　两人在办公室里仔细查看了一番才明白为什么布飞快这么有恃无恐。从墙上的巡视安排表可以看出，他每工作一小时就要去镇上巡视一小时。他应该是觉得这60分钟内不可能有人能打开这个钱柜。

　　那10把锁毫无区别，从外观根本看不出哪把钥匙对应哪把锁。

　　"我算了一下，一把钥匙最多要试10次，10把就要试100次，那就是100分钟。运气好的话，最快10分钟搞定。可是运气不好，还没等打开他就回来了。"布小快指指门口。

　　"钥匙摆得很整齐，你爸爸肯定是记住了哪把钥匙对应哪把锁，他开的时候只要对应插好就行。"

　　"嘿嘿，捕快大人恐怕是想让心存侥幸的小贼来尝试，

好抓个正着吧。"苏小盗摸摸下巴。

"我也觉得，这明摆着是个坑！"布小快看着钱柜跃跃欲试，可又不敢伸手。

"哈哈，'智者千虑，必有一失。'你没想到吗？试出一把钥匙，下一次就不用试这把钥匙了，需要的时间就会越来越少。"

苏小盗干脆拉着布小快的手，大大方方地走进去，拿起第一把钥匙，往一个个锁眼地插了起来，"不对，不对，不对……连试9次都不对，那就是最后一把锁了！果然！用时10分钟。"

"第二把，插，插，插……呃，连试8次不对，那就是只剩一把锁，用时9分钟。接下来，用时8分钟……"

"哈哈，我明白了，我们最多也只需要10＋9＋8＋……＋1，那就是55分钟，在60分钟以内，可以赶在你爸爸回来之前打开钱柜。"

两个少年一边低声商量着，一边不慌不忙地轮流用钥匙插起锁眼来。

大脑转一转：

　　从前面 10 人围桌坐座位的故事中，我们明白了数量多时如果情况复杂，可以先想想数量比较少的情况。而这集故事中的 10 把钥匙，你会用怎样的方法来思考与推理呢？两个少年是一把一把地试好呢，还是把 10 把全插上去试好呢？

答案：先想想数量比较少的情况，以3把钥匙试开3把锁为例：第1把钥匙最多只要试2次就能确定对应哪把锁，试每把锁需要1分钟，那么开锁最多需要3分钟；第2把钥匙开锁最多需要2分钟，第3把钥匙开锁需要1分钟。因此总时间最多为3＋2＋1＝6分钟。10把钥匙开锁最多需要的时间是10到1的所有自然数的和，为55分钟。但如果同时把10把钥匙都插进锁眼轮番试验，那么就需要10个10相乘那么长的时间，就是100亿分钟呢，所以还是一把一把地试比较好。

李大姐还钱

"糟糕，有人来了。"眼看已经开了7把锁，布小快和苏小盗正高兴，突然听到有纷乱的脚步声传来，两人连忙把所有钥匙都摆成原来的样子，一出溜藏到了落地大窗帘后面。

过了一会儿，听声音是布飞快和一位老人家走进来。

老人家兴奋地对布飞快说："布捕快，咱们镇已经连续100天没有案件发生了，是不是可以向朝廷申报'安全模范镇'了？"

可能是一眼就看到靠墙木桌上的保险柜与10把钥匙了吧，又听到他对布飞快说："对，就是要连钥匙都这么摆在外面，才能显示咱们'安全模范镇'的水平。"

　　布飞快的声音里满是尴尬："那可不能这样啊老伯，我们不要故意考验人心，免得好人也变成了坏人。这钥匙嘛，其实是我不小心落在这儿的。你看，我平时都是放在包里的。"紧接着就是"丁零当啷"的钥匙撞击声。

　　等布飞快和老伯走了，布小快和苏小盗出来一看，傻了眼，那10把钥匙果然被收走了。

　　"这可怎么办？""眼看到手的路费飞了。"

　　两人沮丧不已，走出办公室，在前院徘徊，不知是该再去找布飞快试试看能不能要回压岁钱，还是去打探一下他把钥匙藏在哪里了。

　　这时候，在夜市摆小摊的李大姐来了，一看到布小快就热情地问："小快，你爸爸呢？刚才还看他在街上巡逻，怎么转眼就不见了。"

　　"哦，他刚才回来了一下又出去了，您有什么事？"

　　"你爸爸真是个大好人。一周前，我家里已经困难到快揭不开锅了，你爸爸建议我去摆夜市小摊，还借我512元作为进货资金，然后第二天又借给我512元的一半，第三天再借给我512元的一半的一半，第四天是512元的一半的一半的一半……"

布小快苦笑着打断了李大姐的唠叨："我爸这也太小气了吧，越借越少。"

"不不不，我后来体会到了，外面给的帮助慢慢减少，自己努力的程度就会慢慢增加。如果天天都想着反正有人借钱给我，可能我们全家就又躺着不想干活了。"

"那您今天是？"

"你爸爸已经连着借了7天了，我昨天就告诉他不用再借了，而且今天我会来还钱。"李大姐边说边摸口袋，"既然他不在，那么你这当儿子的先帮忙收着也一样。"

"那怎么可以。"布小快推辞着。

"怎么不可以，如果你爸欠了钱没还完，你这当儿子的不也是要替他还钱的，这叫'父债子偿'。"李大姐口才倒是一流，难怪她摆摊能够成功。

"如果这么说，那我就先收着了，正好差不多。"布小快朝苏小盗挤挤眼。

等李大姐走远了，布小快和苏小盗一蹦三尺高。

钱柜里的压岁钱拿不回来了，但现在李大姐还回来的钱，不是正好与钱柜里的压岁钱差不多吗？这叫什么来着，等量代换！

布小快喜滋滋地数了数，吧唧着嘴说："还是被我爸爸赚了一些。算了，就当付保管费了。"他找来一张纸，在上面写了几行字，顺手贴在钱柜上。

"现在，我们赶紧回去整理行李，马上出发。"

"我流浪惯了倒没什么，真的走的话，你爸爸放心吗？你放心你爸爸吗？"

"哎呀，没事的，我们又不是没头苍蝇到处瞎转。我爸的日记本他还没向我要回去呢，我看了好几遍，掌握了不少线索，我们家在外地还有一些亲戚和朋友呢。我们这不是流浪，是探亲访友去啦。"

大脑转一转:

布小快说"正好差不多",是因为他快速估算了一下,觉得李大姐要还的钱与被爸爸收在钱柜里的压岁钱金额差不多。你能算出来李大姐还的钱是多少吗?

答案:用分数表示每天布飞快借给李大姐一家的钱分别是512元的几分之几,能够非常方便地列式计算。共7次,那么总数是$512×(1+\frac{1}{2}+\frac{1}{4}+\frac{1}{8}+\frac{1}{16}+\frac{1}{32}+\frac{1}{64})$。注意,后面的这几个分数是等比关系,并且有特殊的算法,等于$2-\frac{1}{64}$。由此可见,钱数相当于512的2倍少512的$\frac{1}{64}$,准确地说就是1024-8=1016(元)。难怪布小快能估算出李大姐还的钱与他的1089元压岁钱差不多呢。

布捕快之怒

一个小时之后，布飞快再次巡查完毕，回到捕快衙门，一进自己的办公室就愣住了。

钱柜上面多了一张纸条，他上前伸手摘来一看，正是布小快的字迹：

爸爸，刚才李大姐来还1016元钱，我就先收着了，正好抵我的压岁钱1089元。对了，您还赚了73元。就先不跟你要了，因为我也没空。现在我要和小苏一起去找我妈妈去啦。布小快，即日。

布飞快生气地大喝："来人啦，把小布给我叫来！"

捕快衙门的门卫紧张地跑进来说："布公子和他的那个小伙伴刚刚出门走了，就在你回来前一些时候。"

布飞快更生气了，冲出办公室，大吼着："通知热闹镇的车站、码头务必严查，如果发现有两个孩子想出镇，先拦下来，等我来处理。"

无论是在路上骑车，还是在路边搭车，都不安全。布小快绝对是热闹镇上的知名人物，行人或是司机都很容易认出他来，所以对布小快和苏小盗来说，赶往车站最快、最不引人注目的办法，就是老办法——上屋顶跑。

既然能上屋顶，路线顿时简单了许多，但无论怎样，也要选出前往车站的最短路线。全镇已经100多天没有丢失东西了，可是现在总捕快布飞快却丢了家里的一个大东西——儿子。寻找"失物"应该是他的头号家事与公务吧。

布小快和苏小盗这会儿其实还在捕快衙门的屋顶上，所以完全听得见布飞快的怒吼。布小快吐吐舌头，从怀里掏出一张早就绘好的路线图。

"我们这儿是A点，车站在B点，从这儿到车站，我们从屋顶走，有这几条路，你觉得我们走哪条路好？"布小快问苏小盗。

"你不是跑得比我快，计算也比我好吗？怎么问起我来了？"苏小盗不以为然。

　　"这不是跑法特殊嘛，从屋顶上跑你更在行。"布小快笑嘻嘻地说。

　　苏小盗无奈，只好拿起纸认真看了看："要找出最短路线，其实主要就是靠比较。我先举个例子，比如我们要到B，是不是肯定要先到E或D？再看，要到D的话，是不是肯定要到O或H？但是到O最短只要走A→C→O，6分钟；到H要走A→F→H，7分钟；而O和H到D都是同样的6分钟，比较一下就知道走经过O的线路更好。"

　　布小快学得快："那我也看出来了，就从C到E来说，从C→G→E走，要11分钟；而从C→O→E走，只要9分钟，而且C→G→E这条路也没有其他用途了，干脆去掉不考虑了。"

　　布小快没一会儿时间，就画出了一条最短的路线，并得到了苏小盗

的认可。两人相视一笑，紧了紧背上的包裹，踏着屋顶往车站奔去。

后院里，布飞快望着飘落的树叶，叹息说："眼看秋风起了，这俩小子不知天高地厚，衣服带得也不够，到时候别冻死在外面。"

布飞快回身走到儿子的卧室里，翻看衣柜，果然许多厚衣物还在。随手拿起一件，却愣住了，因为这件其实是自己的旧衣服。这些年，孩子的妈妈不在，布飞快作为一个大男人，照料起儿子来总是毛手毛脚的。有时儿子的衣物不够穿，就找出自己的旧衣服给他，而这件旧衣服，其实还是当年布小快的妈妈买的呢。

"孩子总是需要妈妈的，这么大了，或许也是到了找妈妈的时候了吧。"

布飞快放下手里的衣服，快步走回办公室，朝着墙上的《热闹镇全图》望了半晌，突然冲出门，直奔车站而去。

大脑转一转：

从苏小盗和布小快的分析中，你学会最短路线的比较与判定方法了吗？从 A 到 B 的最短路线需要多少分钟呢？

答案：经过比较，就会发现从A到B的最短路线应该是A→C→O→D→B，一共需要16分钟。

加开进站口

布小快和苏小盗站在热闹镇车站的站前广场上,四下里张望着。

今天不比平常,如果冒冒失失往车站里面闯,没准一下子就被逮到了。所以,他们特别小心,决定先看看进站口的情况,那儿可是检查旅客的重要关口。

不看还罢了,一看吓了一跳,车站的进站口排起了4条长龙,一直排到站前雕塑那儿。看来,不花上一段时间,肯定进不了站,而站在队伍中的每一分每一秒,都有被发现的危险。

怎样才能减少排队时间呢?布小快和苏小盗互相看了一眼,低调地找旁边的人打听起来。

"今天这进站时间够长的。"

"对啊，前两周遇到中秋节，我提前一天回家，也是排这么长的4队，整整花了40分钟才进站。"旁边的一位大哥叹气说。

"那就是进站口开得不够多。我中秋节当天才回家的，一开始也是4队，排到了雕塑下，但是后来又开了一个进站口，30分钟后就没人排队了。"说话的年轻人不断地在本子上抄抄写写，看起来十分忙碌。

"今天又不是节日，怎么也检查得这么严呢？"

"唉，你们没听说吗？捕快衙门发出指令，说逃了两个要犯，要求车站、码头严加盘查。听说这两个要犯非常厉害，一个会飞檐走壁，另一个擅长神机妙算，正准备逃出我们镇去大干坏事呢。"

布小快和苏小盗面面相觑，哭笑不得。

"既然要抓要犯，那应当增加人手，多开进站口才对，这样排成长龙，只会把要犯吓得另找出路，不是反而抓不到了？"

"我算了一下，如果开11个进站口，那只要12分钟就能把现在排队的人全都检查完。就算里面没有要犯，等他们来

时，也更有时间盘查啊。"

"说得太对了！"那个年轻人一拍大腿，"排队时间过长，站长让我想解决方案，我这算了半天，正发愁呢。我马上向车站站长汇报。"说着他就匆匆向广场右边的站长室奔去。

布小快和苏小盗吓出一身冷汗，没想到这身边的普通人居然是车站的工作人员。万一刚才不小心暴露了身份，肯定就被他扭送去车站保安大队了。对，还有旁边的那些人，到时候也会一拥而上"抓要犯"。

不过，刚才那个人的建议已经起了效果，进站口增加了不少，排队进站的人减少得很快。十几分钟过后，进站口已经没有人排队了。

布小快和苏小盗谨慎地靠前观察。

大脑转一转：

　　进站口数量与检查时间之间的关系，其实就是数学上的"牛吃草"问题。它的关键点是进站的人在不断增加，但通过比较两种情况下的进站总人数的差，我们能够得出每分钟新来多少人，原来已经有多少人排队，从而计算出进站口数量不同时需要的检查时间。试一下，你能算出排队人说的 12 分钟吗？

答案：以每个进站口每分钟检查的人数为1份，$4 \times 40 = 160$ 份，$5 \times 30 = 150$ 份。相差 $160 - 150 = 10$ 份，这是因为时间相差 $40 - 30 = 10$ 分钟，可见每分钟新来 $10 \div 10 = 1$ 份。因此在增开检进站之前已经有 $160 - 1 \times 40 = 120$ 份。要是有11个进站口，留1个进站口检查每分钟新来的1份，剩下的10个进站口检查120份，则正好需要 $120 \div 10 = 12$ 分钟。你算出来了吗？

11

个子高矮高

　　他们发现，进站口的工作人员凡是看到有两个孩子一起坐车的，统统带到里面的房间去了。虽然不知道干什么，但想来是在执行布飞快发出的盘查命令。

　　"你爸叫布飞快，这发布命令的速度呀，还真是飞快！"苏小盗伸出大拇指对布小快说。

　　布小快无奈地笑了笑："好啦，我们还是想想怎样进去要紧。"

　　两人商量一下，很快有了主意。

　　一会儿，车站进站口来了个奇怪的人。这人是苏小盗的长相，却有近3米高。虽然现在的孩子普遍长得比父辈高，但近3米的身高在热闹镇上，甚至在国内，可能也算得上第一了。

　　安检员正忙碌着，突然感觉有一片阴影笼罩着自己，抬头一看，吃惊不小。她紧张地看了看墙上的身高测量表，这位乘客高达2.66米。本来身高测量表只要求画到2米，因为正好颜料有剩余，就随手画到了3米，没想到今天还真派上了用场。

2.66米

　　"快进去，别挡着我的视线！"安检员不耐烦地挥了挥手，那高个子似乎弯腰困难，只把手放在胸前，做了一个感谢的手势，就过了安检口。

　　一转过弯，那人的腰间突然发出了布小快的声音："小盗，叫你骑坐在我的肩膀上，你偏不，非要踩在我头顶上，我的发型算是毁了。"

　　"小孩子要什么发型，"苏小盗撇撇嘴说，"我在你上面是因为我的轻功好，踩在你头顶上，这样不是显得更高吗？你看那人一下子就叫我们进来了。"

　　"高虽然是高了，可

是钱也要掏了。"看苏小盗不明白,布小快从衣服底下伸出手来,指了指前面的墙。

苏小盗一看,前面正是售票窗口,旁边写着购票说明,第二条赫然是:"1.40米以下的儿童免票。"

"没问题呀,我们马上就可以变回1.40米以下了。"苏小盗说。

话音刚落,这个高个子突然神奇地向前"对折",一下子变成了两个少年。原来刚才是苏小盗站在布小快的头顶上,"变"出的"大人"。

"好的,你在1.40米以下,不用买票,下一个。"售票员看了一眼苏小盗,干脆地说。

"我都不用买,他比我还矮2厘米,肯定也不用啦。"苏小盗一指布小快,轻松地说。

"好,走!"售票员看来是个急性子,一挥手就打发两人去乘车了。

布小快和苏小盗连忙上了车。

"如果人家拿我们身高的和2.66米÷2,再减去2厘米,不就知道我的身高了?"布小快心情放松地聊起天来。

"傻呀,哪能这么算,2.66米的一半,既不是你的身

高也不是我的身高！"苏小盗掏出一顶帽子往布小快头上一扣，"你加上这顶2厘米高的帽子，就和我一样高。现在你知道怎么算了吗？"

"那说明2.66＋0.02＝2.68，就是两个你。哇，正好是双数，除以2很方便呢。"布小快高兴地说，"你的身高就是2.68÷2＝1.34米！"

"对啦！"

大脑转一转：

哈哈，这真是一个神奇的事，怎么会有身高2.66米的"人"呢？想想这是怎么回事？

答案：这儿的2.66米，其实是布小快与苏小盗两人身高的和。一般来说，生活中两人的身高相加是没有意义的，但是苏小盗轻功了得，站在了布小快的头顶上，形成一个"高人"，身高当然就是两人的和啦。

12
一千天之约

苏小盗给出的算法是"增高升级"，先在身高和中加上身高的差，让两人变得一样高，再除以2得到自己的身高，而布小快非要苏小盗配合他来一个"减高降级"法。也就是要苏小盗蹲下来2厘米，好变成和布小快一样高。

"这样我们的身高和就变成2.66—0.02＝2.64米，相当于两个我；然后除以2，就得到我的身高1.32米。"

两个少年嘻嘻哈哈地互相赞美。

"算得真好。"

"是吗，那掌声在哪里？"

"啪啪啪啪……"一阵热烈的掌声响起，布小快和苏小盗却变了脸色，因为那掌声来自后排座位！

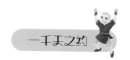

是谁在偷听他们聊天?

不等他们查问,那人已经不慌不忙地走上前来,把帽子一摘,正是布小快的爸爸布飞快!

"小快,你一定要离开我,离开热闹镇吗?"布飞快不动声色地问,语调中听不出他的喜怒。

"是的,爸爸,您也应该让我出去看看了。"布小快直率地回答。

"你妈妈当年也是这样说的……然后就一直没有回来。"布飞快落寞地说。他扭头望向远处,似乎在回忆当年小快妈妈离去时的情景。

"我会回来的,"布小快激动起来,"还会带着妈妈一起回来。"

"是吗?"布飞快的声音显示出他的内心在动摇。对他来说,这不是个容易做出的决定,万一布小快闯荡江湖遇到危险,那么很可能老婆没回来,儿子也见不到了。

"小快,我觉得我们可以跟伯伯约定一下,不管怎么样,1000天之后,我们一定回来。"苏小盗在旁边插嘴,"1000天,也就是大约3年,很快的。"

"嗯。"布小快犹豫了一下。对于从来没离开过热闹镇

的他来说，第一个念头是3年时间哪里够我看天下的呀。可是一看爸爸难过的眼神，他就点头了："好的，那一天正好是星期天，您周末休假，应当是有空来接我吧。"

"哈哈。"布飞快乐了，"你这么快就知道1000天以后是星期天了？还要我来接你，要不要铺红地毯呀？"

"有红地毯的话，我也不介意呀。"布小快看爸爸有答应的可能，也开起玩笑来，"1000天后是星期几很好知道的，除以7不就行了。"

"一周7天，先算算1000天里有几个7。"苏小盗补充说，"嗯，是142个7天，也就是142周，余6天。今天正好星期一，那么6天之后就是星期天。"

"好的。有你这个江湖经验老到的小伙伴，我也放心许多。"布飞快看了一下苏小盗，"不过，你可不能带着小快学你那什么'苏小盗来了'。你在热闹镇犯下的错，由我替你向大家说明。"

"一定听您的。"苏小盗不好意思地挠挠头。

　　"其实苏小盗是在跟大家开玩笑，并没有真的把别人的东西据为己有或是伤害别人。"布小快替好友辩白。

　　"那就说好了，1000天后，我们这儿见！我到车站来接你。"布飞快深深地看了一眼布小快。

　　车子启动了，车里布小快和苏小盗正兴奋地交谈着，沉浸在对即将到来的探险寻亲之旅的想象之中，却没有注意到车后有一双牵挂的眼睛。

　　"1000天之后，如果你们没有回来，我就去找你们！"布飞快喃喃地说。

　　依稀之间，多年前的那个窈窕身影在前方回眸，向他招手。

　　大脑转一转：

　　要知道 1000 天之后是星期几，该怎么计算好呢？建议大家先想一想，10 天之后是星期几，然后再继续看故事吧。

答案：以今天是星期二来举例，10天之后，就是再过1周零3

天，2＋3＝5，那么就是星期五。而1000÷7＝142……

6，2＋6＝8，8－7＝1，那么就是星期一。从中可以看

出，无论过多少天，计算这个天数除以7所得的余数，是

判断过这么多天之后的那一天到底是星期几的关键。